汝の食物を医薬とせよ

〝世紀の干拓〟大潟村で実現した理想のコメ作り

宮﨑隆典

藤原書店

はじめに

この本の主人公は私、井手教義（いでのりよし）。当年七十七歳。

今年十月、開村五〇周年を迎える八郎潟干拓地の秋田県大潟村に福岡県八女（やめ）市から入植して四〇年、コメ作り一筋に生きてきた「一介の百姓」です。

長年の友人に著者になってもらい、私の人生七七年を、コメ作り四〇年を語り、この本が出来ました。


私のコメ作りは一言で言えば、アイガモを田に入れて除草と害虫捕食を手助けしてもらう「アイガモ農法」です。だから農薬は使わない。秋田の名産魚ハタハタなどを混ぜて作る有機肥料を田にたっぷり散布し、有機無農薬米を作っています。アイガモは今年、約一九ヘクタール（ha）の水田に二〇〇〇羽入れました。飼い馴らしたアイガモ軍団の眺めは壮観です。著者に私は〝アイガモ軍師〟と綽名（あだな）されました。


コメ作りは、苗作りから収穫まで「八十八」の作業があると言われます。

その作業すべてを詳しく語りました。瑞穂（みずほ）の国の日本人に、コメ作りを知ってもらいたいのです。

また独自の有機肥料の製造方法と、なぜ有機農業がいいのかについても、百姓なりの工夫・実践・研究の成果をストレートに語っています。

コメの消費量が年々減って現在、年間一人五〇kg台まで落ちて半世紀前の半分——というのは寂しい限りですが、食が多様化する中、主食としてのコメの優秀性が改めて見直される時がくるはず、と私は信じています。

コメを白米で食べるか玄米で食べるか——という問題もありますが、私は玄米を勧めます。付加価値農業を目指す私は、独自の「モミ発芽玄米」を製法特許を取って製品化し、販売会社を作って産直しています。その開発のプロセスとノウハウの一切を隠さず、またモミ発芽玄米の栄養学的なメリットについても検査機関の検査結果を公開しています。

私は農業を天職と思い、一生懸命に、同時に楽しみながらコメ作りに打ち込んできましたが、日本の農政の行方が心配です。武士の一分ならぬ百姓の一分です。農業・農政についての私なりの考えをもっていますので、本書の後半では、欧米の農政の現状に関する専門家の解説と併せて、私なりの考えを述べています。

食の問題について、話題の料理人と行なった対談の模様も収載されています。これにより今日の農業・コメ・食の問題点がよく理解され腑に落ちるものと思います。

大潟村は、八郎潟干拓で生まれた人工の村ですが、広大な水田の広がる生態系豊かな自然の美しい村です。私は自分の田んぼの脇に鉄塔を建て天辺にライブカメラを設置し、「田んぼの24時間」

の様子をインターネットで配信しています。コメ作りの実像を理解していただきたいという願いによるものです。「粋き活き農場」http://ikiikifarm.co.jp で検索してみて下さい。

著者にバトンタッチします。

私、宮﨑隆典も一介の物書きです。私は二十数年前、新聞社を途中退職して以来、欧米や国内の農業と食をテーマに取材・執筆活動をしています。井手さんとの出会い、お付き合いもその歩みとぴたり重なります。

井手さんの農法は、丹精込めた芸術的なものであることが現場を一見すれば分かります。その手間暇を惜しまない姿勢は職人の如しで、コメ作りが省力化された今もなお「八十八」の、あるいはそれ以上の作業であり、大潟村の大面積のコメ作りには不釣り合いに思えるほどです。

人の身体を作る食物だから可能な限り安全に作る——という井手さんの「農の思想」が結実した姿だと思います。導入するアイガモは生後一、二日後のヒナで、ヒナを手に抱いて水の飲み方から教える井手さんからは、人としての優しさが滲み出ているようです。奇特なアイガモ軍師です。

そして、井手さんのコメは白米も玄米もモミ発芽玄米も、文句なしに美味しいです。

世界一の、〝オンリーワンのコメ〟です。

そうした井手さんのコメ作りの全貌と井手さんの人柄を忠実に表現するのが、私の務めと思って原稿を書きました。

消費者にコメ作りの実像を知ってもらいたいという井手さんの願いが読者の皆さんに伝わることを願うばかりです。

古代ギリシアの医聖ヒポクラテスの言葉「汝の食物を医薬とせよ」が、井手さんの座右の銘だと言います。それがモミ発芽玄米の開発にもつながったのでしょう。

「玄米食で国民医療費四〇兆円を削減できるはず」という主張にも共感できます。

取材を通し私は、井手さんに感化されました。コメと医療費がヒポクラテスのいう蜜月関係になることを、また何より日本の農業が力強く復活することをひたすら願っています。

平成二十六年九月

宮﨑隆典

注記

農法について。「はじめに」の冒頭で「有機無農薬米」という語彙を使った。有機農業に関する法律「JAS法」（有機JAS制度）からすると「有機米」とすべきところである。有機米は無農薬栽培が前提だからであり、農水省も有機無農薬米といった用語は使わない。しかし、世間一般には有機無農薬米、有機無農薬栽培といった言い方が普通になされているので、この本ではそのように表現することとする。また、この本では有機とか無農薬という用語も使用するが、そうした用語が混在するのも同じ理由による。有機関連のそうした用語の使い分けは一般的な理解を重視するからであり、法律的にも実態を大きく逸脱するものではないと判断し、文脈に応じて使い分けた。なお、法律の解説は第4章にある。

汝の食物を医薬とせよ　目次

第6章 農政の正念場を迎えて

第7章 日本のコメ・農業のサバイバルのために 173

汝の食物を医薬とせよ

〝世紀の干拓〟大潟村で実現した理想のコメ作り

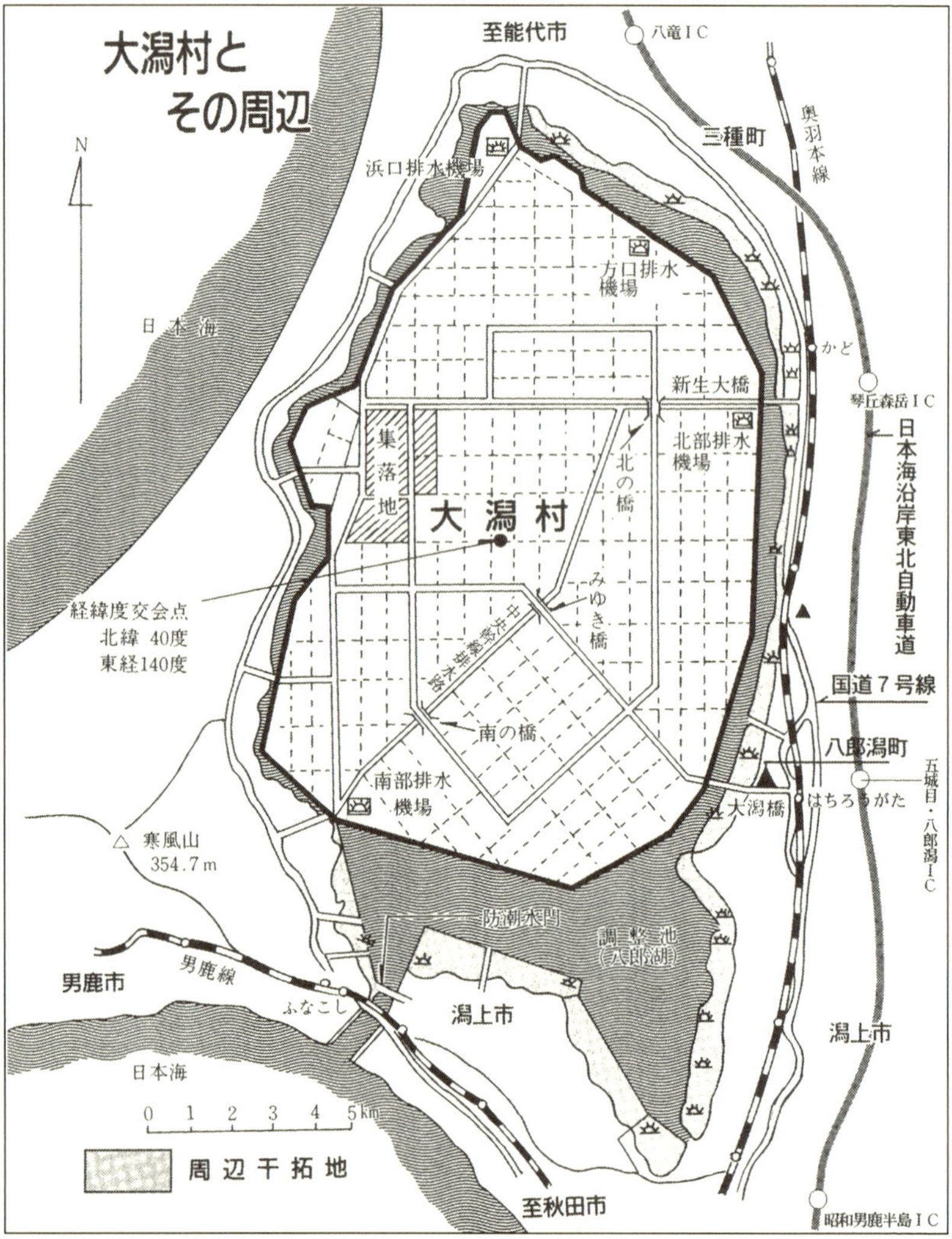

出典：「大潟村 農業の紹介」（平成 26 年 1 月）

八郎潟干拓図

第1章 古里「八女」と新生「大潟村」

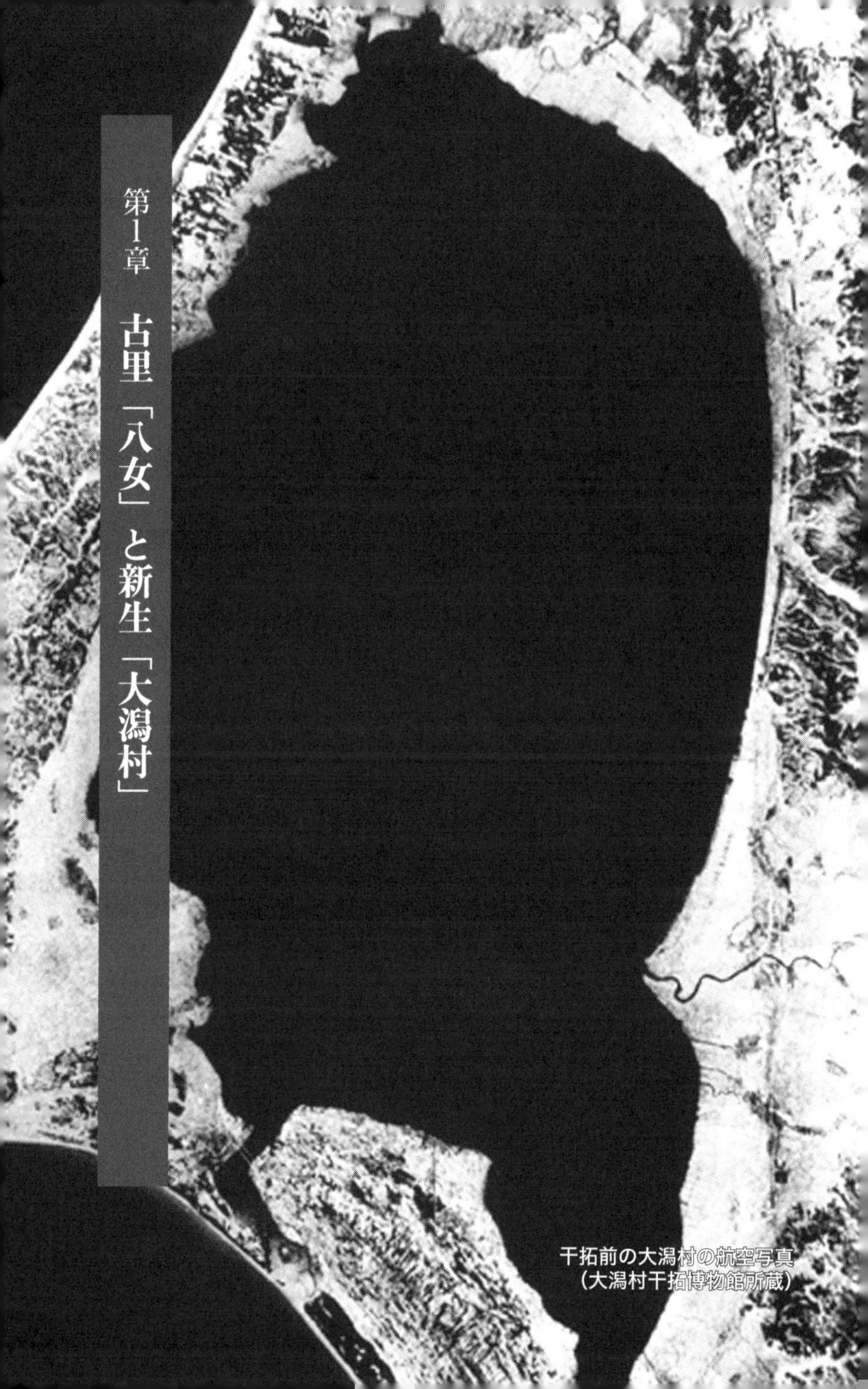

干拓前の大潟村の航空写真
（大潟村干拓博物館所蔵）

1　ガキ大将の難問突破体験

男のオレが頑張らんと……の気概

井手教義は、福岡県八女(やめ)市黒木町で、一九三七（昭和十二）年八月二十八日に生を受けた。家は畑三〇アール（a）と田六〇aほどを耕作する農家だった。他に孟宗竹の竹山三ヘクタール（ha。一haは一〇〇a）ほどを持ち、タケノコを取っていた。

八女市は銘茶「八女茶」で知られるが、「八女のタケノコ」も山城（京都）、阿南（徳島）と並び称される全国的名産品。高値で取引され、井手家のタケノコの収益は一〇〇戸ほどの集落の中でもトップクラスで、農業収入の主要な部分を占めていた。

父・作太郎は、太平洋戦争（一九四一年十二月〜一九四五年八月）のため一九四四（昭和十九）年八月に陸軍二等兵として召集され、台湾南部・高雄の守備隊にいて終戦を迎えた。

しかし、帰国船まで決まっていたのに、弱った身体が疫病に冒され、帰国を見送る不運に見舞われた。そして病を悪化させ、一九四五（昭和二十）年暮れ、祖国の土を踏むことなく無念のうちに世を去った。残された家族の悲嘆は大きかった。

そのとき井手は八歳、尋常小学校二年生。祖母と母、姉三人妹二人という家族だった。

一家を支えようと母は必死だった。井手は並々ならぬ母の覚悟を感じ取った。そして、家族で男は一人、オレが頑張らんと……と幼な心を奮い立たせた。井手は学校から帰ると、母を助け、畑で田んぼでよく働いた。また長姉は、苦しい家計を思いすぐに女学校を辞め、他の姉たちも学業の犠牲など当たり前というように、健気にあれこれの労苦を引き受けるのだった。

春の二、三カ月間は、一家総がかりで竹山へ入り必死でタケノコを掘った。タケノコ山は金の成る木だった。

日本国中が焦土から立ち上がろうとする熱気に包まれる中、母子家庭・井手家は、家族みんなが母を助けてよく働き、明るく逞しく回って行った。

井手は、明るい素直な性格の少年だった。わんぱくなところもあったが、身体能力には長けていて、遊びの名人でもあった。家の手伝いから解放されると、ガキ大将ぶりを発揮した。近所の子供たちを呼び集め、その先頭に立ち、相撲や駆けっこ、三角ベース、木登り、魚取りなどいろいろな遊びに興じた。知恵を働かし、いろいろな場面であれこれ工夫するのが得意で、魚取りでは巧みに川の上下をせき止め大漁をものにするのだった。

勉強もよく出来た。あまり勉強はしなかったが、よく出来て、小学校・中学校を通して成績はずっと上位だった。

一九五三（昭和二十八）年、中学校を卒業し、地元の定時制高校普通科へ進んだ。家計を心配し、母と相談する前に自ら働きながら学ぶ定時制を選んだのだ。昼間、母と一緒に農作業をし、夕方、六kmの道程を自転車をこいで通学した。

授業料を払って行く高校である、気合を入れてよく勉強した。ガキ大将を卒業し、大人への道を歩み始めたのだ。学科では、特に数学や物理が得意だった。数学の微積分もよく出来て、それが後に活きることとなる。卒業まで四年間の担任で深く敬慕することとなった物理の先生に、放射能が引き起こす突然変異の話を聞かされたのがきっかけで放射能への関心を深め、福岡市の九州大学で「原子力の平和利用展」があると聞き、八〇km も離れた大学を訪ねるなどした。

その物理の先生は、井手の家の事情を思ってだろう、農業には「微気象」が大事だから研究しておくとよい、と参考書類を貸してくれた。また、山の上と斜面と谷間における温度がどう違うかを調べる実地調査に連れて行ってくれたりした。おかげで井手は「微細な」気象学というのがあることを実感的に知ったし、身につけた知識は今に役立っている。

タケノコの缶詰工場の成功体験

タケノコのことにもう少し触れよう。タケノコ掘りのシーズンは三月から五月までである。井手は父がいなかったので、家族の中心になって小学校—中学校—高校を通し、ずっとタケノコ掘りの役割を担った。毎日、学校に行く前と帰ってから二度も山に入ったが、タケノコは取りきれないくらい限りなく出た。

三月、土から顔を出し始めるタケノコを僅かな地表の出っ張りによって見つけ出し、傷つけないよう遠回しに土を掘って、若いタケノコを掘り出した。これは刺身でも食べられる若タケとして特別高く売れた。

四月〜五月、雨後のタケノコと言われる通り、山にはそこらじゅうからタケノコがニョキニョキと出た。伸びるのも早く毎日何センチも伸びる勢いで、井手はタケノコ群に急かされるように二〇〜三〇cmのものに狙いをつけ手早く次々と掘り取った。そのサイズが一番の売れ筋で、旬のタケノコとして好値で売れた。

タケノコ掘りは、唐鍬（専用の鍬）を使ってやる。掘るコツがあるが、竹の地下茎から伸びているタケノコを根元から掘り起すには力も要った。手に力を込めて鍬を振るうこと毎日何百回、何千回になったろうか。手の平が鍛えられ、中学─高校と長ずるうち、井手の手の平は肉厚で頑丈に、かつ大きくなって行った。

〝タケノコ掘りの手〟は、七十七歳の今もそのまま変わらず、愛おしい。昔の自分を思い出させる手である。

一九五七（昭和三十二）年に高校を卒業した。戦後復興が進み「神武景気」の熱気が農村にも伝わってくる中、井手はいろいろ考え、母のためにも地元に残り農業で生きる道を選んだ。

カブなどいくつかの野菜を特化できないか、可能性を探りながら作った。そのかたわらミカンの栽培を始めた。人々の暮らしが次第に豊かになり、嗜好品としてのミカンに将来性を感じたからだ。

山間地の田んぼ六〇aを全面ミカン園にする計画を立て毎年、苗木を植え足していった。

ミカンへの転換（苗植栽後五、六年目から収穫可能）が進み、ミカン栽培が軌道に乗り出したころ、一九六五（昭和四十）年、井手二十八歳のときに一大転機が訪れた。タケノコを缶詰に加工して売る計画が井手を中心に五人ほどの若者たちの間で持ち上がったのだ。

日本経済は、神武景気に続く岩戸景気の後にあって、本格的な高度成長へ突き進んでいる時期であった。

八女のタケノコも缶詰ですでに売り出されていたが、一段とブランド力をもったタケノコの缶詰を育て上げようという計画だった。

話はトントン拍子に進んだ。協同組合方式で経営することとし、農村近代化資金の融資を受け約一千万円の建設費で工場を建設することになった。

隣町で伯父が同種の工場を経営していたので、いろいろ相談に乗ってもらって大助かりだった。工場の敷地確保から始まり、原材料の処理—水煮—缶詰という加工技術のこと、機械設備のこと、従業員確保のこと、販路のことなど問題は多かったが、一つ一つクリアしてゴールに漕ぎ付けた。

若手のリーダー井手が常に問題解決の牽引役であった。難問を前にして次々と突破力を発揮したのである。ガキ大将だったころ、いろんな遊びで知恵を絞り工夫をこらしたその体験が、下敷きとしてあったのかもしれない。

町内のはずれに建った工場は、農村には不釣り合いなくらい大きかった。近所の長老を社長にして、地域の人たちの期待を一身に背負って翌年のタケノコシーズンに創業した。

タケノコは、掘り起こしてすぐ食べるのが一番うまい。三時間以上経つと味が落ちると言われるほどだ。工場では、タケノコのこの特性に対応して素早く処理加工する体制を取った。収穫した日に処理しなければならず、リーダー井手は昼夜兼行で働いた。従業員も残業で応えてくれた。

美味しい商品であったことが消費者から受け入れられ、福岡市や関西などを中心に売り上げを伸ばして行った。成功の一番の要因は、やはり商品の良さにあった。

経営は初年度から黒字だった。創業一〇年後には従業員は三〇〇人にも増え、経営は好調で融資の一千万円をすべて返済し終わった。この成功体験は、井手の人生においても価値ある大きな宝物となった。

2　八郎潟の干拓でニューモデル農村が誕生

宿願の国家プロジェクトの干拓工事が総額八五二億円を投じ二〇年がかりで完成

「なまはげ」で知られる秋田県男鹿(おが)半島の付け根に、日本海に面して八郎潟はあった。琵琶湖に次ぐわが国二番目に大きい湖だった。七〇種類を超える魚介類の宝庫であり漁業が栄え、湖岸では農業が盛んであった。

しかし、洪水に弱く湖岸地域がしばしば被害を受けたため、洪水対策や農用地拡大のための干拓待望論が古くからあった。水深は最深部でも四〜五ｍに過ぎず、干拓しやすい条件だった。

干拓事業の経緯を、工事着手の前後から完成まで、主な動きを拾って見てみよう。

八郎潟の開発計画は江戸時代からあって、安政年間には払戸村（現在の男鹿市払戸）の渡部斧松の「八郎潟疎水案」があった。国営構想としては大正十三年・昭和十六年・昭和二十三年と計画されたが、実現には至らなかった。

戦後、食料危機の中で食料増産のために干拓推進の機運が高まり、一九五二（昭和二十七）年、秋田市に「農林省八郎潟干拓調査事務所」が設置され、本格的に調査が開始された。次いで一九五四（昭和二十九）年、干拓先進国のオランダからヤンセン教授らが現地を訪れて調査、ヤンセン・レポートが提出された。レポートは後の事業計画の基礎となった。

ヤンセン調査と同じ年の「世界銀行調査団」、及び翌年の「国連食糧農業機関（ＦＡＯ）調査団」の調査が続き、その結果、干拓事業の有用性が広く認められた。

一九五六（昭和三十一）年、農林省はオランダの対外援助機関「ＮＥＤＥＣＯ」の技術協力を得て、「八郎潟干拓事業計画書」を完成させ、これにより国営干拓事業の実施が決定した。

この間、干拓に伴う環境破壊が危惧され、漁業者の反対もあり、干拓反対運動が盛り上がったが、漁業補償交渉が妥結するなどして、事業が着手されることになった。

一九五七（昭和三十二）年四月、秋田市に「八郎潟干拓事務所」が設置され、翌年、起工式が行なわれ、食糧増産・近代的農業の確立を掲げた世紀の国家プロジェクトが着工された。

湖底が軟弱土質のため堤防の建設等々が難工事づくめだったが、着々と工事は進んだ。

一九六四（昭和三十九）年九月、干拓された湖底の約四分の一に当る五五〇〇haの大地が姿を現し、「干陸式」が行なわれた。

同年十月、残り部分の干陸工事が続く中、村長職務執行者が置かれ「大潟村」が誕生し、人工村の行政的な整備が着手された。

続いて翌一九六五（昭和四十）年八月、国による「八郎潟新農村建設事業団」が設置され、開村へ向けた本格事業が開始された。それと並行して干陸工事も続き、ついに一九七七（昭和五十二）年三月、すべての工事が完了した。

こうして世紀の干拓事業は、二〇年に及ぶ歳月と総事業費約八五二億円の巨費を投じて完成し、八郎潟の湖底は一万七二二九haの新生地に生まれ変わった。

周囲五二kmの堤防内の村は海抜ゼロメートルだが、排水機に守られ洪水はなし

干拓の概念図は……八郎潟（二万二〇二四ha）の中央部を南北に長い楕円形の「中央干拓地」（一万五六六六ha）として干拓、八郎潟の最南部を残存湖（調整池）として残す。中央干拓地の楕円形の外線を成す水路として、東側に東部承水路を、西側に西部承水路を設け、両水路を残存湖から伸長させて北側で結ぶ形とする。残存湖の南端に残存湖と日本海を隔てる防潮水門（長さ三七〇m）を設ける、というものだ。

中央干拓地が干拓後の大潟村の水田及び入植者の居住地などとなるわけである。残存湖は淡水湖で、残存といえど広大（約四七八五ha）であり、今日、八郎湖とも八郎潟とも呼ばれている。

世紀の干拓工事を少し見ておこう。

まず予定された中央干拓地の周囲に延長五二kmに及ぶ堤防を築くことから始まった。湖底は厚いヘドロ層に覆われていたが、その軟弱地盤の上に頑丈な堤防を築くことが求められた。そこでさまざまな実験が重ねられ特殊な工法が採用され、四年半の年月を要し、難工事の末に一九六三（昭和三十八）年十一月に堤防が完成した。この二年前には、防潮水門が完成した。

堤防に続く工事は、中央干拓地の排水である。南北の排水機場に大口径の巨大な排水口をもつ電力ポンプが計八台据え付けられ、七億トン（t）の水の排水を行なうことになった。

ポンプは昼夜休むことなく動き続け、潟の水は轟音とともに排出された。ぐんぐん水位が下がり、水深の浅い湖底部から順に大地に変わり、一年弱で湖底の約四分の一が姿を現した。ここで基本工事は完成となり、干陸式が挙行された。

この排水機はその後も生き続ける。堤防に守られた農用地内の幹線排水路などが大雨で溢れそうになったとき、その水を堤防の外の承水路や残存湖へ排出する役目を担う水田の生命線となった。おかげで開村後五〇年間、大潟村は一度も洪水の被害に遭っていない。

書き留めておくべき大事なことがある。一点目。この工法で完成したかつての湖底であった大地は、水を汲み出しただけなので、日本海の海面よりも、また残存湖や承水路の水面よりも低い海抜ゼロメートル地帯である。堤防は水面から五mも高く、承水路はいわゆる天井川となっている。

二点目。堤防は容易に沈下しないよう設計施工されていて、定期的に点検することになっているが、いまのところ補修工事の必要はない。ただ一九八三（昭和五十八）年の日本海中部地震では道路に亀裂が生じるなどしたため、約六〇〇億円をかけ災害復旧工事が行なわれた。

観光ポイントは、村内の北緯四〇度と東経一四〇度のユニークな交会点

「大潟村」は、一九六四（昭和三十九）年十月一日に誕生した。村の名称は全国から公募した候補一六四五件から選ばれた。

村長職務執行者に秋田県職員だった嶋貫隆之助氏が任命され、ただちに行政も動き出した。そして一九七六（昭和五十一）年に自治権設置選挙が行なわれ、その嶋貫氏が初代村長に選ばれた。

一方、「八郎潟新農村建設事業団」による新生・大潟村の村作りは一九六五（昭和四十）年八月から行なわれていた。国がかつて経験したことのない画期的な村作りで、各方面から注目された。

大潟村の行政区域面積は中央干拓地に、残存湖、承水路を加えた一万七〇〇五haである。中央干拓地の農地は、入植者用地が一万一七五五ha、集落用地が七三〇ha、施設用地が二二三五ha、その他の用地が九四六haなどであった。周辺市町の行政区域に係わる周辺干拓地もあるので、その部分も含めた八郎潟干拓の全体の面積を**図表1―1**で示しておこう。

農用地は、干拓地の中央に幹線排水路と一級幹線排水路を配置。ここから支線排水路と小用水路

図表1–1　数字で見る八郎潟干拓

区　　分	地区面積	地区面積の内訳			
		農　地	集落用地	施設用地	その他の用地
中央干拓地	15,666ha [17,005]	ha 11,755	ha 730	ha 2,235	ha 946
周辺干拓地（周辺町の行政区域）	1,563	1,047	—	516	—
計	17,229	12,802	730	2,751	946

［　］は用水路を含めた行政区域面積
出典：「大潟村 農業の紹介」（平成26年1月）

が張り巡らされ、その中に縦一四〇〇m、横九〇〇m区画（一・二六ha。通常は実用面積一・二五haと表記される）の農地が整然と並ぶ設計になっている（**図表1—2**）。

再確認すれば、大潟村のこの農地が合計一万一七五五ha（**図表1—1**）というわけである。これは東京ドーム（四万六七五五m²）の二五一四個分に当たる。

集落用地は、村の中央部西側に置かれた。中央干拓地内に画然と幹線道路が配され、集落地の中心に役場や小中学校が配置された。

公共施設としては、一九六七（昭和四十二）年に役場庁舎が建設され、庁舎内に保育所などが開設された。

子どもたちは初め、隣の琴浜村（その後、若美町、現在は男鹿市）の小中学校に親の送迎などで通学し、その後間もなくスクールバスで通学。翌一九六八（昭和四十三）年十月、校舎完成を前に、村立学校設置条例により、晴れて大潟小学校・大潟中学校が開設され、村立小中学校生が誕生した。校舎は小学校校舎が同年十二月に、中学校校舎が一九七〇（昭和四十五）年に全面完成した。

小中学校校舎に前後して、中央公民館、警察派出所、郵便局、体

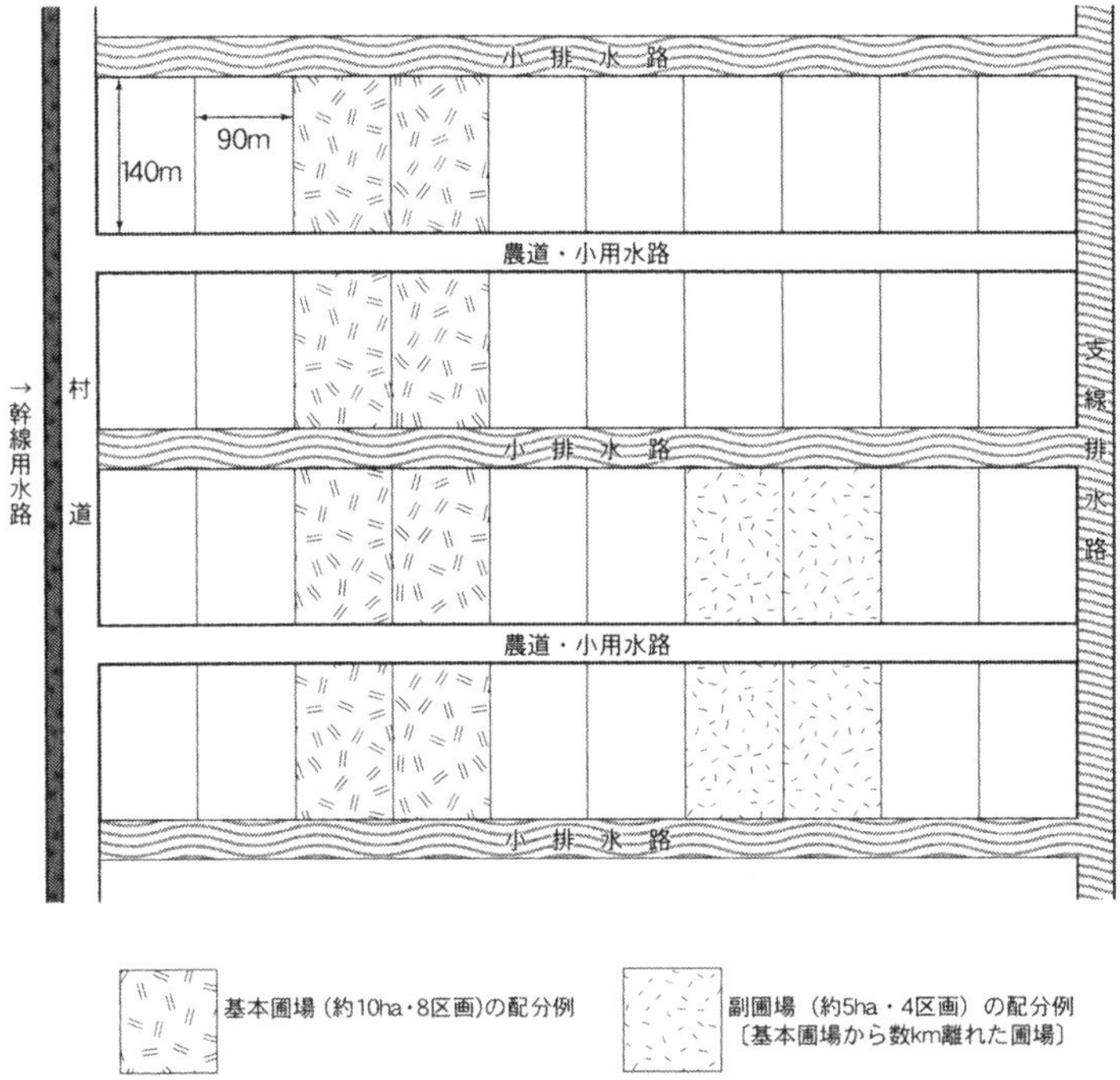

（注）現在は入植者同士の換地により各戸の圃場は同じ所にほぼまとめられている。

図表 1–2　圃場の標準区画図

育館、村民野球場、保健センターなど（順不同）が建設された。

さらにホテル「サンルーラル大潟」が一九九六（平成八）年にグランドオープンし、干拓博物館が二〇〇〇（平成十二）年にオープンするなどした。

書き落とせないことがある。「北緯四〇度と東経一四〇度の交会点」が、集落のすぐ東側の幹線道路脇にあって、そこにモニュメントが立っている。北緯と東経のラインが一〇度単位で交差しているのは、日本ではここ大潟村一カ所だけ。村内の大切な観光スポットの一つである。

観光と言えば冬、大潟村の水田は一面の雪原と化す。そこにシベリアへの北帰行途中のガンが二〇万羽以上も飛来し、薄い積雪の下にある落ちこぼれの米粒を食餌する光景を見ようと全国から大勢のバードウォッチャーが訪れる。

また残存湖（四七八五ha）は分厚い氷原となるためワカサギ釣りのメッカであり、冬場の観光資源の一つになっている。

用水路についても一言しておこう。中央幹線排水路は幅八二m、長さ一五・七km、それにつながる一級幹線排水路は幅四二m、長さ六・八kmで、いずれも幅広い直線的な川である。このため一級幹線排水路は水上スキー・コースとして大学のボート部などの合宿練習場となり、毎年、全日本学生水上スキー選手権大会も開かれている。

また、両排水路に沿った道路は、途中で少し斜角となる以外は一直線であり、ソーラーカー・レースに使用されている。

大潟村への観光客は通年で一〇〇万人という。農業の見学や研修も含めてだが、なかなかの数字である。

交通の便は、東部承水路の外側をJR奥羽本線が、残存湖の南側をJR男鹿線が走っていて、奥羽本線の八郎潟駅などが最寄の駅である。車でのアプローチは大潟村の南方に位置する秋田市内からだと一般道で約一時間、秋田市の南方の秋田空港からだと高速道「秋田自動車道」経由で一時間強である。

大潟村プロフィルの最後——。干拓前の八郎潟には「八郎太郎」が龍となって住みついていた。伝説の龍神様である。一方、六〇kmほど東方の田沢湖には絶世の美女・辰子姫が龍になって住んでいたそうな。八郎太郎は辰子姫に焦がれて訪ね行けば、受け入れられ、それ以来、八郎太郎は冬場に凍ってしまう八郎潟はイヤだと田沢湖へ行き、二龍のおかげで田沢湖は凍らなくなったそうな(「大潟村百科事典」より、壮大神秘な「八郎太郎伝説」の最後の部分・第八話〜第十一話を、畏れながら荒っぽく縮めて紹介した)。田沢湖は水深四二三mの日本一深い湖で、実際に凍らない。

さても、いま残存湖を地元の人たちは八郎湖などと呼ぶそうである。きっと八郎太郎伝説を大切にしたいという思いなのだろう。八郎太郎は住処は狭くなったが、いまもそこに住んでいるということだろう。そう思って八郎湖の脇を車で走れば、なにやらロマンの気を感じる。

大潟村の隣が「なまはげ」の男鹿市である。八郎湖の近くに男鹿市へ誘うなまはげの巨大像が道路脇に建っていて、ある種の「畏れ」を伴い「民間伝承文化」の気を発している。そのように感じるのは、おそらく筆者だけではないだろう。

村の田んぼと集落の俯瞰写真
（大潟村干拓博物館所蔵）

第2章　覚悟の大規模農業

1　大潟村へ入植する

競争率七倍の選抜試験を見事にパス

大潟村へは、一九六七（昭和四十二）年から第一次入植が始まった。入植者は二十歳〜四十歳が年齢条件で、公募—選抜試験によって決められた。一九七四（昭和四十九）年の第五次まで三八都道県の合計五八〇人が選抜され（その後の〝秋田県単〟を含めると入植者は合計五八九人）、競争率は平均四倍を超えた。国家的事業である大規模水田でコメを生産する、ニューモデル農業に挑戦しようという人たちの高い関心の現われだった。

井手は三十七歳のとき、自分たち夫婦と母、子供三人の六人家族として、一九七四（昭和四十九）年の第五次入植に応募（選抜試験は前年末）、約七倍の競争率を勝ち抜き全国各地から選抜された一二〇人の一人になった。井手は「神様が助けてくれた」と幸運に感謝しつつ心の底から喜んだ。

その第一次組に、井手の姉夫婦が入っていた。姉の夫は農家だったし、新しい村でまずは順調にコメ作りを始めていて、それを見学に行った井手は、一発で大潟の農業の虜になった。広大な水田で行なわれるコメ作りに、黒木町の山間の農業にはない大きな可能性を感じたのだ。井手に先駆けて現地を見ていた母も応募に大賛成してくれた。

選抜試験はハードルの高いものだった。筆記試験は、一般常識を問うものから数学、物理、化学にも及んだ。でも、井手は数学のサイン・コサインに戸惑うこともなかったし、気象の問題もかつて微気象まで研究した知識で上手くクリアできて、点数が稼げた。そして幸い一次試験をパスした。最後は面接だった。「もう俎板（まないた）の上の鯉」と覚悟を決めて臨んだ。小さいころから母親と農業に打ち込んだこと、タケノコの缶詰工場を仲間と創業し成功したことなどをアピールし、分厚く大きな手を見せながら新しい農業に賭ける熱意を訴えた。

面接官に好印象を与えた手応えがあった。後日、黒木町の自宅に書留郵便が届き、中に〝合格証〟（正式には「配分予定通知書」）があるのを確認し、母と抱き合って喜んだ。

合格証を見た瞬間、目の前がぱーっと明るくなり、身体が宙に浮くような感覚に包まれたことを、いつになっても忘れない。

一五haの農地と住宅などを総額約一億円で国から買い取る

第五次入植者が決まると、村内の八郎潟入植指導訓練所での訓練が待っていた。五次組全員が一九七四（昭和四十九）年四月から十月まで七カ月間、訓練所の寮に入り（無料）、共同生活をしながら国から派遣された指導技官の指導を受け、コメ・麦・大豆、その他の野菜の栽培技術やトラクターやコンバイン（コメ収穫機械）の運転技術のほか、農業経営理論、帳簿のつけ方などを徹底的に学んだ。家族と離れての一人暮らしを誰も寂しがるヒマなどなく、同じ作業服を着て気分を高揚させ技術の習得に励んだ。

翌一九七五（昭和五十）年三月、井手は家族六人で黒木町を離れ、大潟村の新居に引っ越した。沢山の思い出の詰まった家はそのままにし（田畑は後に売却）、また竹山は管理を隣人に頼んでの転居だった。タケノコの缶詰工場は仲間に任せたが、経営は軌道に乗っていたので何の心配もなかった。「オレは大潟で、今度はコメ作りで成功する」と前だけを見ていた。

新居は、大潟村西一丁目の、都市の団地のような住宅街の一角。どの家も同じ造りで、建坪二〇坪・三ＬＤＫの欧州風三角屋根の住宅（宅地は二二〇坪）である。どの家にするかは入植者間で抽選によって決めたが、家はすべて〝あてがいぶち〟であった。後にはっきり分かるのだが、家の造りは頑丈で、日本海中部地震（一九八三年）や東日本大震災（二〇一一年）にもビクともしなかった。

農住分離ということで、農地は住宅地から離れた場所にまとめて配置されていて、農地もまたあてがいぶちであった。井手の田んぼは一五km先。軽トラで一五分のところだった。

第五次組の農地配分は一九七四（昭和四十九）年に行なわれ、一人一五haだった。第四次までは当初一〇haずつだったのだが、同じ年、第五次組に合わせて五haずつ追加配分され、全戸一五haずつの所有となった。

ただ、この一五haについては、配分前年の一九七三（昭和四十八）年に農林省（当時）が一つの条件を付けていた。それは、一五haは「当分の間、田と畑の面積をおおむね同程度とする」という田畑複合経営を求めるものだった。減反政策を受けたものだったが、〝おおむね同程度〟という表現のアイマイさがもめ事の火種になったのだった。そのことは後で触れる。

また、営農についての国の基本方針は入植者五人を一組とする協業体制だった。合計七五haを五人で耕作するというあてがいのやり方で、農業機械を例に取ると、七五haにトラクター三台とコンバイン一台があてがわれたのだった。

協業は経営合理化や〝同志感〟の涵養(かんよう)が狙いのようであったが、田植えの方法一つ取っても、「苗植え」か「種の直播(じかまき)」かで意見が分かれるなどうまく行かず、また誰も協業を好まず、井手たち五人も先輩たちに倣ってほどなく個人耕作体制に改めた。トラクター二台とコンバイン四台を買い足すなどして、それらを一台ずつ所有するような形にし、農地も一五haを各人が耕作する態勢にしたのだ。周りも多くがそうした。

以上をまとめると、一五haの水田と住宅一棟などが各人にあてがわれ、これらを入植者が国から買い取る形であった。

五次組は農地、住宅、宅地、農業機械、機械格納庫など一切合切を含め一億円強を二十年以上かけて年賦で返済する決まりだった。農地がその大部分を占め、返済は三年据え置き・利子込みという条件だったが、その額は大規模農地に見合うというべき巨大なものだった。そして、井手たちみんなが今日までに全て返済済みである。

湖底の堆積物で農地は肥沃(ひよく)だが、排水は不良という条件

大潟の農地の特質、水田の環境はどうだったか。

“亀”になったコンバインの引き上げ作業（入植当初の頃。大潟村干拓博物館所蔵）

その耕地は、八郎潟の湖底がそのまま水田になったため、ヘドロが分厚く堆積していて超肥沃な重粘土という土質だった。だから初めのうち肥料は要らなかった。否、施肥は禁物だった。

日射はどこも良好で、日照量は全国トップクラス。海風を十分に受けて風通しは抜群、そのため病菌の発生も想像以上に少なかった。ただ、そうした面では良い条件ではあったが、透水性（排水）が極端に悪く、これが唯一最大の悪条件で、畑作には不向きだった。

入植者たちは入植指導者の指導により、それぞれの水田の地下六〇〜七〇cmの深度に何本も排水パイプを埋設し、悪条件の改良に努めた。

それでも排水は不十分で、深耕作業をするトラクターや他の農業機械が軟弱な水田に埋まり、もがくほど沈車（ちんしゃ）するというトラブルが頻発した。トラクターが埋まると〝亀になる〟と言われ恐れられた。亀になると、大型トラクターをもってきて牽引し、仲間の助力も仰いで脱出しなければならず大変だった。入植初期の人たちは、田んぼに行くときは二人連れで竹棒をもって行け、と言われていたそうだ。

亀騒ぎは年を追うにつれ次第に減ったが、井手も何度か亀の体験をした。村の「干拓博物館」の展示広間に、亀になったトラクターを脱出させる作業風景がモデルで再現されていて、パイオニアたちの草創期の苦労をしのばせている。

2　国の「減反政策」で村が揺れた

入植者たちによる自治組織「大潟村新村協議会」が営農・生活を支えた

大潟村の新居で新しい生活が始まった。井手は静かに燃えていた。しかし、心に暗い翳(かげ)りもあった。その原因は、井手が入植する少し前、一九七〇(昭和四十五)年から始まったコメの生産調整、すなわち補助金交付(生産調整対策費)を伴う「減反政策」にあった。

減反とは、こういうことだ。戦後の食糧難は、昭和四十年代に入り全国でのコメ増産によって解消され、コメ余りの時代に突入したのだ。当時は「食糧管理法」(昭和十七年制定)の下、米麦など食糧の需給は国が一元的に統制する体制だったが、その政策はコメの在庫量と食糧管理費が増大して行き詰まった。生産者米価を高くし消費者米価を安く維持する政策は売買逆ザヤによる膨大な〝食管赤字〟を生み大きな政治問題となり、政府はついに昭和四十五年からコメの生産を抑える生産調整に踏み切ることになったのである。

食糧増産・ニューモデル農業の確立に燃えていた入植者たちのショックは大きかった。大きな歴史の皮肉だった。

減反への舵切りによって、その年四十五年の四次組を最後に入植が一旦打ち切られ、井手たち五次組の入植再開措置は四年後の四十九年だった。

大潟村における減反は、コメの高生産性と高収入を目指し、巨額の償還金を返済するという入植者の営農計画を根底から狂わせるため、農家は唯々諾々と従うわけにいかなかった。そして「過剰作付け」をする人も多く出て、稲の「青刈り」や「闇米の検問」といった事件を生起し全国的なニュースとなり、入植者たちは打ちのめされた。

言うまでもなく入植者たちの減反反対には、当時はあまり理解されなかったが、それなりの筋の通った主張があった。ここではそうした点にも触れながら、大潟村の減反の経緯を、大づかみに見て行くことにしよう。

そのころ村には村長職務執行者はいたが、村議会はまだなかった。昭和五十一年の自治権設置選挙で村長と議員が選出され、村がコミュニティとして名実共に機能し始めるまで、入植者たちは自治組織として「大潟村新村建設協議会」（略称：新村協）を作り、農政のことや生活万般をそこで話し合い、対外折衝にも当たり、入植者の営農と生活の推進役を果たしてきた。新村協は自治権設置

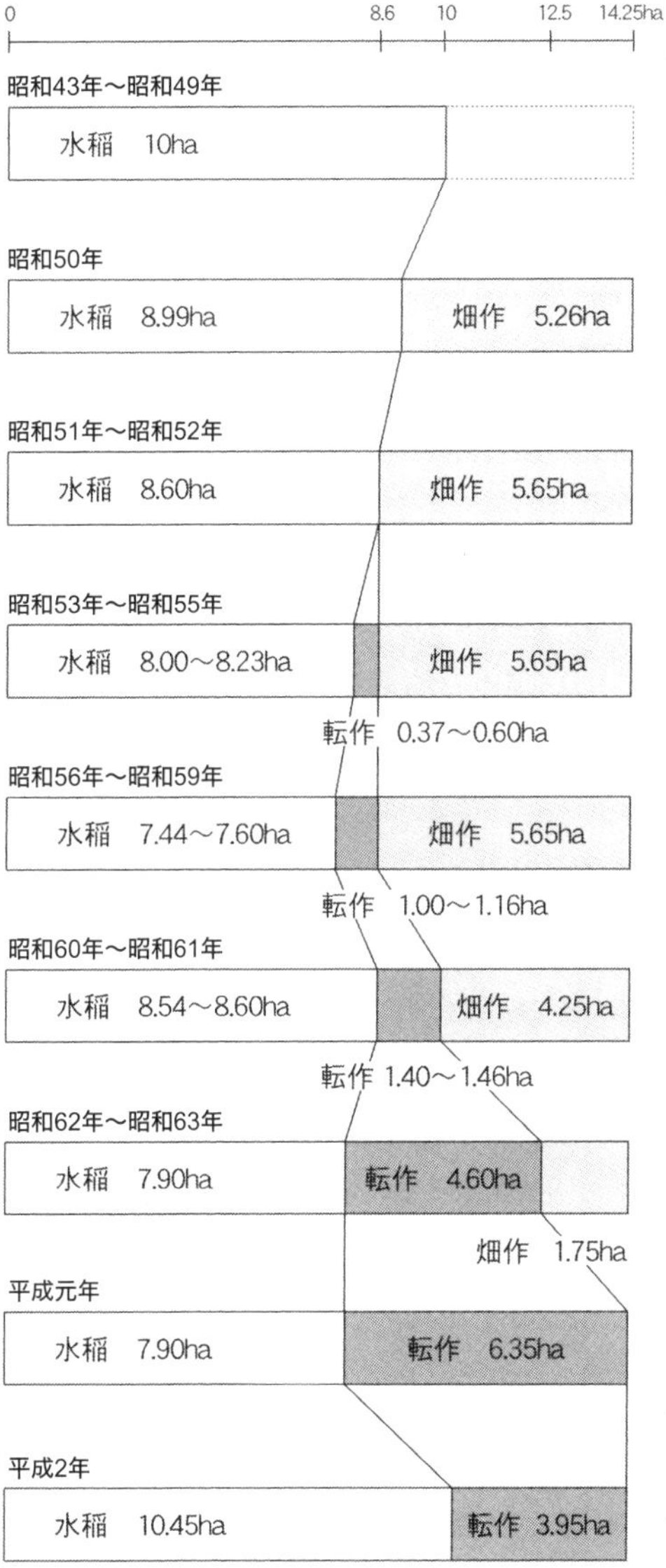

※昭和50年以降の面積は、畦畔(5%)を除く面積である。
　平成2年の面積は畦畔(4%)を除く面積である。
※文章説明の部分は編集の都合で用語を若干縮めるなどした。

◇昭和45年
　新規開田抑制施策・米生産調整が始まり、4 次入植で入植者の募集を中断。

◇昭和48年
　水稲単作 10ha から、当分の間、田と畑の面積をおおむね同程度とする 15ha の田畑複合経営に営農計画が変更される。

◇昭和49年
　5 次入植者に 15ha の配分、1-4 次入植者には 5ha の追加配分。

◇昭和50年
　田畑複合経営の開始初年。国の指導と農家の理解の食い違いから「青刈り問題」発生。

◇昭和51年
　国の通達で稲作上限面積が 8.6ha とされる。残りの畑作面積は転作奨励金の対象外。

◇昭和53年
　水田利用再編第一期対策が始まり 8.6ha に対しても転作目標面積が配分される。大多数の農家が稲作上限面積を超えて作付けし、「青刈り問題」が再度発生。

◇昭和56年
　水田利用再編第二期対策が始まり、さらに転作が強化される。この年から転作非協力農家が年々増える。

◇昭和60年
　稲作上限面積が 10ha に拡大される。しかし転作により稲作面積は増えない。不正規流通米が社会問題化し、検問が実施される。

◇昭和62年
　稲作上限面積が 12.5ha に拡大される。しかし転作により稲作面積は増えない。概ね 40 戸程度の営農集団が 7 集団設立され、生産調整推進上の地区としての取り扱いとなる。

◇平成元年
　15ha が全面水田扱いとなる。しかし転作により稲作面積は増えない。

◇平成2年
　15ha 全面水田取り扱い、県内一般農家並の転作率（27.4%）が実現。

出典：「大潟村 農業の紹介」（平成 26 年 1 月）

図表 2–1　大潟村における水稲作付面積・転作の取り扱い経過

で解散した。

新村協の主要ポストを務めてきたMさんとSさん、そして井手（最終年に幹事を務めた）の三人にテーブルに着いてもらい、大潟の減反事件を振り返ってもらった。減反事件の概略は以下だが、村の資料（図表2―1）と合わせて読んでもらうと理解しやすいだろう。

「ゼブラ方式」とか「とも補償」など難局乗り切りのアイデアも出た

減反問題でまず留意すべきは「食糧管理法」に生産調整の規定がなかったことだ。だから、その主管である農林省は全国のコメの減反目標面積を決め、それを「行政指導」で達成することにし、減反面積をまず都道府県に割り振り、次に都道府県が市町村に割り振り、市町村が各農家に割り振るやり方を取った。最後の部分では農協も介在した。これらの機関と農家及び農家組織は様々な局面で睨みあったり妥協したりしつつ、国とも同様な関係に立ちつつ、その年の「作付け上限面積」などすべてのことをギリギリの交渉の末に決めて行った。

細かい交渉の襞や綾は端折って単純化し、減反の動きを概略見ていこう。

大潟村の減反問題の背景には、先に触れた一五haの田畑複合経営に関する農林省のアイマイ規定の問題がある。

一次～四次入植組への農地配分は当初一〇haで、減反制度が始まる前年一九六九（昭和四十四）年までは全戸が一〇haすべて（一・二五haの田八枚）でコメを作っていた。「稲の単作」である。入植者たちは、それこそが主要食糧＝コメの増産という干拓事業のそもそもの目的に沿うものと思い定めていた。

ところが、翌一九七〇（昭和四十五）年から事情が一変、減反制度が始まったのである。ただ、大潟村への影響は初め〝弱震〟程度で余り目立たなかった。

そんな中、先に触れたように昭和四十九年に大潟の全戸が一五haを所有することになったが、その翌年、昭和五十年から大潟も激震に見舞われることになった。

国はこの年、例のアイマイ規定を持ち出し、一五haでの田畑おおむね同程度の複合経営、つまり七・五haでの稲作を入植者に求めて来たのだ。入植者たちは当然、猛反対した。「前年までと同様に一〇haで稲を作る」と。

双方、激しい綱引きとなり、国は結局、「水稲八・九九ha」まで妥協、それを「生産調整計画」に沿った大潟村農家への水稲作付け上限面積とした。そして国はこの上限の〝指示〟を〝指導〟の名で出した。これが「青刈り問題」の発端である。

八・九九haという水稲作付け枠は、それまでの一〇haより一ha強（田一枚分）も少なく、大豆などの転作作物は収益性が低いため農家には大きな収益減となる。スンナリ受け入れられるものではなかった。

しかも、農家を怒らせた不可解な問題がほかにもあった。それは「基盤整備は田としての造成だったので、国への償還金は畑作であっても田として支払わなければならず、また登記上の地目は田であり、税法上の取扱いも田であったにも拘らず、転作奨励金の交付対象外とされたこと」であった。

これに反発し、減反割り当てに従わない農家が続出。農家はそれまでずっと続けてきた「稲の単作一〇ha」に固執して、稲作付けの指示面積八・九九haを無視し、約四〇〇戸が一〇ha全部の作付けを強行した。指示に従った農家もあったが、少数派だった。従うも従わないも、どちらも悩みに悩んだ末の選択だった。

〝過剰作付け者〟に対し、国は様々な圧力をかけ、収穫前に青刈りすることを執拗に求めた。農家は負けじと、「農林省こそ理不尽な行政措置を押し付けているのであって権力の横暴は許せない」と一歩も引かなかった。

しかし、国は強権をもって〝同意〟させ、七～八月に過剰作付けの稲を全戸漏れなく、農家自らに〝青刈り〟させた。農家は屈辱感いっぱいだった。

これが一回目の青刈り事件だった。

翌五十一年、稲の作付け上限面積を農林省は「八・六ha」と決め通知してきた。農家は「一〇ha」に固執し、交渉する過程で、田んぼのへりを一m幅とかで田植えしないことにより八・六haをクリアする「ゼブラ方式」(ゼブラは縞馬。田んぼが縞模様になるところからの命名)のアイデアを新村協が捻り出した。農林省はこれを認め、一部過剰作付けする農家もあったようだが、さしたる問題は起きなかった。

五十二年は、この年三月三十一日付けで国営干拓事業と八郎潟新農村建設事業が完了したため、営農指導は国から県へ移り、村長の権限が拡大したことに伴い、村主導で作付け確認作業が行われ、ゼブラ方式の不適正作付けも一部見られたが、村の裁量で収められた。

五十三年はどうだったか。この年に国が指示した大潟村の「減反＝転作面積」は二一四ha、稲の作付け上限面積は八・六haだった。今度は村議会サイドからアイデアが出た。二五戸の農家が八・六ha全部で転作作物を作ることで村の枠二一四haを消化し（八・六ha×二五＝二一五ha）、二五戸の農家へ他の農家が一戸三〇万円とかを拠出し、二五戸の農家の補償をする「とも補償」制度を村全体で採用することを村議会全員協議会で決議したのだ。これはグッド・アイデアだとほぼ全農家が賛成、国の「八・六ha」上限を超えてほとんどの農家が「一二・五ha」の稲の作付けをした。

しかし、県がこれを認めなかった。結局、その差「三・九ha」の「青刈り」を各戸が余儀なくされ、合計約二〇〇〇haに及ぶ青刈りにおおむねみんなが従ったのだ。

重大な問題があった。過剰作付けに対して国は早い段階から、契約書の条文を盾に国の指導に反すると農地の買戻しがあることをチラつかせていた。そして五十七年と五十八年に一人ずつが〝最後通告〟などを経て農地の買戻しに遭い、裁判で闘ったが敗訴した事件もあった。

Mさん、Sさん、井手の三人は、これには心から同情する。特に二人目の農家はわずか一〇aにも満たない上限オーバーに過ぎなかったからだ。

井手が言った。「両方、意地を張り合ったんだね。その当人に、入植したときの夢を大事にすべきだ、大きなものの前では意地なんか小さい、捨てた方がいい、って何度も忠告したんだけどねえ」。

続けてSさんも言った。「裁判の進行中にも救済案が示されたんだけどねえ。意地って言うか、信念って言うか、それを大事にしたかったということだろうね。救ってやりたかったよなあ」。

国は「闇米検問」で法秩序を守る手に出たが、時代に合わないザル法?だった

減反自体は主食・コメの需給調整という国の農業政策として肯うべきものだとしても、減反の手法たるや、中央集権そのままのやり方であり、毎年、自治体の減反目標達成率が問題になり、全国で非難轟々だった。減反制度はそうした空気の下、さまざまな衝突や軋轢を呼びながら満身創痍で続いて行った。

青刈りなどの問題の一方に、もっと深刻な問題があった。政府は一九六九（昭和四十四）年、美味しいコメを求める消費者ニーズに応えるため、政府（食糧庁）を通さずに流通させる〝正規〟のコメとして「自主流通米」を設け、自主流通米価格形成機構における入札で指標価格を決める仕組みにしたのだ。「政府米」との二本建てである。自主流通米は年々増え、一九九〇年代初めには流通量の約半分を占めるようになり、政府米を上回り、他方で食糧管理法から外れた非正規米＝闇米も急速に増えて行った。

これでは食糧管理法は〝ザル法〟であり、法から外れた闇米を政府は見捨てておけなくなった。闇米問題の顕在化である。

その問題が目立ち始めた一九八五（昭和六十）年のことだった。大潟村が取り締まり重点地区とな

り、減反せずに生産した闇米を村外の消費地に運ぶ農家のトラックを、秋田県の職員などが、村から外部へつながる道路で検問し押し留める騒動となった。テレビ・新聞のニュースが全国に流れコメ問題への関心が高まり、食糧管理法を巡るさまざまな議論が沸騰した。

かくして、コメの生産・流通両面での規制緩和の要求も高まる中、〝減反まだら模様〟は続いて行った。

一九八七（昭和六十二）年、大潟村農家に対する政府の作付け上限面積は一二・五ha、減反率は約二〇％で、減反参加者が約三六〇戸、不参加者が約二二〇戸だった。

こうした状況はその後もまだしばらく続いた。全国的には、減反目標達成率の高い自治体も少なからずあったが、総じてやはりまだら模様であった。

食糧管理法から食糧法へ、そして改正食糧法へ

事態が大きく動いたのは、一九九三（平成五）年の「GATTウルグアイ・ラウンド」合意である。同ラウンドの交渉結果、日本がコメの最低限輸入＝ミニマム・アクセスに合意した（二年後の一九九五年から輸入開始。一六三頁参照）ことにより、食糧管理法の改正が必須となったのだ。

そして、一九九四（平成六）年に新しく「食糧法」（正式名称：「主要食糧の需給及び価格の安定に関する法律」）が制定（食糧管理法が廃止）され、翌九五（平成七）年十一月から施行された。

食糧法では、政府が管理するのを「計画流通米」、管理外のものを「計画外流通米」に大別し、

計画流通米は、自主流通米と政府米の二種とした。計画外流通米はかつての自由米（非正規米とか闇米と呼ばれた）であり、新法では〝計画外〟としてこれをきちんと位置づけた。また自主流通米は旧法では例外として認めるという規定だったが、それを改め、新法では民間流通を主流とすることとし、「自主流通米価格形成センター」を設けて入札制度を導入、その価格が取引の目安となることとなった。一方、政府買い入れは備蓄等に限定されることとなった。これが新法のポイントである。計画外流通米を公認したことと合わせて、これらの措置により実際の需給状況を反映する流通体制となり、コメ流通ルートも多様になった。農家も自由にコメを売れるようになったのだ。

後先になったが、ウルグアイ・ラウンド合意を受け、ミニマム・アクセス米の輸入受け入れの制度的対応につき法的手当てがなされたのは言うまでもない。

生産調整に関しては、食管法ではその規定がなく行政指導によって行なわれたことは先に書いたが、食糧法では生産調整を明文化、国は全体計画を作成し、計画実現の誘導を行なうこととし、強制性を緩めた。

食糧法は、このあと二〇〇三（平成十五）年に改正（翌年施行）された。改正食糧法では、計画流通米と計画外流通米の区分を廃止、米流通の一層の規制緩和を行なった。すなわち消費の主流を占めていた自主流通米という用語も廃止され、これに伴い自主流通米価格形成センターは、米穀価格形成センターに変わった。生産者はコメを完全に自由に作れるようになり、流通も一層自由かつ多様となり、コメ販売は「届け出」だけで誰でも出来るようになったのである。

政府の役割は備蓄などに限定されたわけだが、生産調整においては「生産者の自主的な努力を支援する」と規定した。

結局のところ減反制度は現在も自由選択制により存続しており、減反率は二〇一三年に四一・六％、二〇一四年に四三・四％と増え続けている。国民のコメの消費量が、年々目に見えて減ってきたことを踏まえての国による需給調整の姿である。

前掲**図表2―1**で見る通り、一九八九（平成元）年、大潟村の各農家の一五haは全面水田取り扱いとなったが、これでようやく「田と畑をおおむね同程度とする」というアイマイ規定が正されたことになった。大潟村にとって大きな一つの区切りであった。

以上、井手たち三人に話を聞きながら大潟の減反の流れを追った。Sさんは「根気強く、よく粘ってきたと思う。みんな良く頑張ったよ」とふーっと大きく息を吐いた。

Mさんが「オレは闇米も作ったけど、あれはイヤな言葉だ。肩身が狭かったけど、法律が改正され、堂々と作って売れるようになってホントに良かった。これが本来の姿だな」と破顔一笑した。

そして井手が言った。「減反事件を通して大潟、大潟って新聞・テレビが全国に叫んでくれて、大潟の名が売れた。いま振り返ってみれば、有り難かったと思うよ。宣伝効果は何十億円だもの」。

検察に事情聴取されたが、井手は農家の言い分を訴え誰一人起訴されなかった

井手は、一九七五（昭和五十）年に耕作初年度を迎えた。国の指導通りに、七・五haでうるち米、一・

五haで畑作としてもち米を作った。

ただ昭和五十三年には、村議会による〝ども補償〟アイデアにほぼ全農家と一緒に賛成し、一二・五haで稲の作付けをし、「青刈り」させられる苦渋も味わった。また、昭和六十年の「闇米トラック検問」にも遭った。

同年、「食糧管理法」違反容疑で秋田地検に呼び出され、取り調べを受けた。

しかし地検に出向いても、井手は臆することなく検事と向き合った。そして、「百姓の一分」を正々堂々と主張した。

「資本主義の日本において自分の所有する田んぼで、思うままコメを作るのがどうしていけないのか」「食糧管理法で国が行政指導によって減反を押し付けることこそ問題だ」と。

そして結局、井手もほかの誰も起訴されなかった。

しかし、大潟村では減反への対応を巡って農家間の対立や反目を生み、コミュニティとしての村もズタズタに引き裂かれた。この傷はまだ完全には癒えていないかもしれない。

一連の事件は何だったのか? 長い嵐が過ぎ去った今、大潟の農家、村民はそれぞれにその問いを自らに発していることだろう。

ただ、嵐の後の気分は、誰もがどんなにかスッキリしていることだろう。背筋も、誰もがピンと伸ばしているように見える。

みなタフなのだ。タフな精神が新村の良き伝統として根付き始めたように思える。そうであるなら、先の問いに対する答えは、歴史の評価にも耐えうる確かなものをゆっくり出せばいいのではないか。

農家の一人、井手もふっきれていて、元気一杯だ。「嵐の最中でも今でも、絶対にヘコタレないよ、オレは。入植時の熱い決意を思い出してね」。

3 コメ作り「八十八」のはるかな道

コメ作りには「八十八」の作業がある

コメ作りは、大変難しく、大変奥深い。「米」という漢字を一画ずつバラすと「八十八」という字になる、という譬(たと)えが昔からなされるのをご存知だろう。八十八の作業が必要であるという意味だ。

その作業は、戦前だと一〇a当たりの労働時間で合計一〇〇時間を超えていたのに、機械化が進み、現在では五分の一～一〇分の一程度に短縮された。栽培方法も大きく変わり、技術面でも著しい進歩を遂げた。亀騒ぎのころはすでに機械化が相当進み、現在の形にかなり近づいていた。

しかし、八十八の作業が一〇分の一になったわけではない。コメ作りには、人力が及ばない、人知が及ばない部分がある。植物が相手、自然が相手だからだ。

一九九三(平成五)年のこと、列島が一〇〇年に一度と言われた大冷害に見舞われ、コメは大減収となってしまった。大潟村は軽い被害で済んだが、やはりコメ不足となり、〝平成のコメ騒動〟

と言われ、タイ米などが緊急輸入されるなど大混乱したのは記憶に新しい。

冷害のほかに台風被害だって、水害だってある。各地でそれらの大きな被害が毎年のように出るが、いくら技術が進歩しても台風や洪水だけは避けようがない。温帯米作地帯の宿命でもあろう。気候の異変をどう乗り越え、いかにして良質で美味しいコメを収量多く作るか、そこを目指す技術が「八十八」に求められていると言える。

そのはるかな道を覚悟して、井手も大潟での一年目のコメ作りに乗り出した。

八十八の作業って何だろう？　瑞穂の国・日本なのに、残念ながら知らない人も多いのではないか。

それではいけない。「井手の八十八」についてその要点を見ていきたい。井手の奥義に興味をもっていただくことを期待して。

1に「土作り」、2に「適地適作」、3に「苗半作」

農業の基本は「土作り」である。これは、井手が一貫して持ち続けている信念だ。

井手は、昭和の農聖とも称えられた熊本県の松田喜一先生（一八八七―一九六八）に惹かれ、八女時代に、農業をやりつつ松田実習農場（現在、熊本県宇城市松橋町）を何度も訪ね、教えを受けた。松田先生の説く農業の根本が「土作り」だった。それを実践し、深め、井手も「土作りが農業のすべて」と思うようになった。

大潟の水田は重粘土質である。粘土質土壌というのはコメ作りには適してはいる。また、水利の良さも最高だ。ただ、水はけが悪いため、収穫時にコンバインの操作性が落ちるのと、収穫後に土が乾燥するとガチガチになりトラクターによる荒起しが芳しくないのが難点である。でも、栽培そのものに決定的影響があるわけではない。田は、元湖底だったため、土壌の肥沃度は過剰なくらいであり、総合的に見て水田としてはとても良い条件だ。

つまり、農業の第一要件の「土作り」に関しては、構造的な難点はあるものの合格であった。第二の要件は「適地適作」。それもまた松田先生の教えで、井手の確信であった。

「適地適作」とは、その地でつまり大潟の田で、栽培する作物つまり稲の種類を、何にするかという問題だ。井手は初め「レイメイ」を選んだ。秋田県の奨励品種だったので、大潟での適地適作の品種と判断したのだ。ただ、一〇年ほど後には、普及し始めた食味の良い「コシヒカリ」系統の秋田県奨励品種「あきたこまち」に変更した。

コメの品種改良はコメの生産調整が続く中、収量性の追求は無視され、否、悪とされ、味の良さに偏重して各地の農業試験場などで進められたのである。

苗作りから田植えまで精緻なコメ作りがスタート

一年目（一九七五年）。土は肥沃なので、肥料はまったくやらずに、「レイメイ」を一〇ha中の七・五haで水稲として、残り二・五haでもち米を畑作として栽培することにした。

まず苗作りからスタートする。四月十日――。例年この辺りが種蒔き時期だ。

種蒔きは、ざっと縦六〇cm・横三〇cm・深さ三cmのプラスチック・ケースを使う。底に透水用の小さな穴が沢山開いている。この底面一杯に培養土を敷き、種蒔き機械で種モミをバラ蒔きし、その上からまた培養土をかけるという作業だ。そもそもその土は粒子の細かい山土で、二〇tを農協から買い、焼いて殺菌し、それに肥料をパラパラと混ぜて培養土としたものである。

種モミも消毒済みの「レイメイ」を農協から買った。種は種蒔き専用機械でケース一個に一五〇〜二〇〇gをバラ蒔く。

このやり方で作る苗は「マット苗」と呼ばれたが、後には種モミをバラ蒔かず、底面凹部の一つ一つにモミ三、四粒ずつを種蒔き機で規則的に蒔く方式の「ポット苗」に改良された。これにより種モミの必要量が三分の一〜四分の一に抑えられることになった。大きなコスト削減の一つだった。

井手の一年目はマット苗である。「レイメイ」に関して言えば、一〇a分でケース三〇個、七・五ha全部で二二五〇個に種蒔きした。種モミは全部で約三六〇kg必要だった。

さて、種蒔きが終わると、そのケースを水田脇のビニールハウスの中に並べる。次にさらに保温するためケースの上にビニールをかける。そして用水を引き入れケースの下部まで水をひたひたに浸す。

水管理に気をつけながら待つこと三日。芽が出始めるのでビニールを剝ぐ。引き続き、ハウス内で均一に育つよう全体に目配りし、病気の発生には特に注意し、苗の根の辺りまでいつも用水があ

代掻き

ることを確認しながら育てていく。

三〇日ばかりで、苗はすくすくと真緑色の四枚葉ないし五枚葉、背丈一五cmほどに育ち、田植えできる大きさになる。

「苗半作」という。苗の出来が作柄の半分を決定するという意味だ。だから、この苗作りには最大の注意を払わなければならない。

四月末〜五月初めに、代掻(しろか)きをする。一枚一・二五haの水田全部に水を入れる。冠水し、前年秋に荒起しをしておいた土が柔らかくなったところで、レーザー光線装置を装着したトラクターを水田に乗り入れ、トラクターを縦横斜めに走り廻らせ、トラクターの後ろに付けた均平器で土を均(なら)す。レーザーが均平のコントロールをするのだ。これが代掻き作業で、広い田んぼの土を高いところと低いところがないように、デコボコがないように均平化するのと、苗が植えやすいように土をドロドロの状態にするのが目的だ。

代掻きは一〇日間隔で計三回行なう。土を掻き回すことで出来るだけ雑草を抑えておこうというのが狙い。雑草が発芽し伸び始めたところで第一撃を加え、計三回攻撃するという作戦だ。

代掻きが終わると、広大な水田が満々と水をたたえ、銀色に輝く。大潟の平らな水田すべてが、目の届く限りキラキラと輝く壮大な芸術品に一変する。

五月末。田植えをする。風のない暖かい好天の日を選んで行なう。単収が微妙に違うのだ。大面積なので単収の少しの違いも全体ではバカにならない量となる。

田植え機が水田に入る。マット苗（六〇cm×三〇cmの長方形の苗のかたまり）をケースから外し、機械の後ろに立てかけるように並べ、田植え機を前進運転する。すると機械の腕が群生した苗五、六本ずつを人がやるように摑んで切り離し、そのままドロドロの土の中に差し込むように植えていく。

機械は六条植え。前進しながら機械が六条の苗植えをするというわけだ。一・二五haの一枚田を一日がかりでクリアする。

井手が田植え機を運転し、妻のチヨ子がマット苗を機械に積み込む仕事などを受け持つ。後年、ポット苗になってからはケースごと苗を積み込めばよいという方式に変わった。農家の知恵と農機具メーカーの技術が嚙み合って、いろんな面で作業の合理化が進むのだ。

昔はそうは行かなかった。八女時代は機械がないので人力頼りの田植えである。苗床から抜いて束ねた「苗束」を片手に持ち、もう片方の手でその苗束から苗四、五本ずつを分け取り、田に差し込んで植えていくのだ。それを多くは親戚総出（相互の協力態勢）でやった。

時代は変わり、大潟の田植えは井手が入植した年あたりから機械化が進み、しばらく一部手植えの人もいたが、ほどなく手植えは姿を消した。井手家では夫婦で、八枚田を八、九日がかりでクリアした。田の四隅は田植え機では植えられないので、手植えでカバーした。隅の一m²か二m²だからといって植えずに放置したりはしない。塵も積もればの精神であり、どんなことにも決して手抜きはしないという気合であった。

夫婦二人の田植えは機械頼りであり、加えて夫婦とも若かったとはいえ、なかなかの重労働だった。でも、二人でやるものと覚悟していたし、周りの農家もだいたいみな同じ。ちっとも苦痛とは思わなかった。

草取りに総力を傾け、早朝の稲の見回りに神経を集中する

苗は田植え後、ほどなく根付き始める。すると、たちまちいろんな雑草が生え始める。雑草は早い段階でやっつけるのが効果的。田植え後十日ぐらいで素早く雑草対策第一弾として除草剤を撒いた。八女時代と同じように、井手は除草剤を入れた動力散布器を背負って田に入り農薬を撒いた。

農薬は完全ではないので、草取りも必要だった。田植え後の六～七月、井手は稲の列の間に、手押しの動力除草機（鉄製のツメが回転して草を引っ掻く機械）を入れ、せっせと押して除草した。これが

勝負の分かれ目と思ってやった。

除草機のツメが入らない株間もあり、人手による草取りもした。夫婦二人では足りず、近隣の町へ毎日、草取りパートさんを迎えに行き、そのパートさんたち一〇人ばかりがフル回転し、夫婦とともに草取りに明け暮れた。

また、井手は周りの農家と同じように、農協の指導で殺虫剤・殺菌剤も散布した。

大潟での初めの一〇年間ぐらいは、以上のようにして稲を育てた。


その後、井手は、無農薬栽培へ徐々に転換し始め、除草剤も殺虫剤も殺菌剤もだんだん使わないようになった。除草はすべて人力による草取りで行なった。さらにその一〇年後あたりからアイガモのヒナを田んぼに入れ、アイガモを泳ぎ廻らせ、アイガモに草や害虫を食べさせる農法へ進んで行った。

除草はコメ作りでは最もしんどく、しかし欠かせない大切な作業である。除草を怠ると、稲の生育が邪魔され、例えば一〇aあたり一〇俵（一俵は玄米六〇kg）取れるところが二俵も三俵も減収してしまうことになる。だから、無農薬栽培の人は、出来れば猫の手でも借りたい思いで、井手のようにアイガモの手を借りて除草に力を注ぐ人もいるのだ。

この時期、もう一つ大事なことがある。稲がどう育つか、また害虫は出ていないか、病気は発生していないか、それを観察する仕事である。井手は毎早朝、田の畦（あぜ）を歩き回り、眼を皿にして稲田を見回し、稲を手にして観察した。異変を見つけ素早く対応するために。

八月上旬、稲の穂が出る（出穂（しゅっすい）と言う）。穂が出て、その穂が開いて、おしべから花粉が落ちて授粉する（稲は自家授粉である）。稲の生育過程では、ここが最大の山場である。

もし毎日雨が降り続き、日中の気温が上がらず日照時間が足りないと、授粉が十分に行なわれず、稲は実を良く結ばない。あるいは逆に高温の真夏日が続き、夜も熱帯夜が続くと、生育が悪くなる。一方また、イモチ病が発生するのもこの時期で、これが蔓延すると実が白斑したり空のままだったりして収量がガタ落ちする。

だから、早朝の見回り、ときによると夜にもやる見回りは気が抜けなかった。

「適期適作」が死命を制することが一〇〇年に一度の大冷害で証明された

「適地適作」と並ぶ、大切な鉄則がもう一つある。「適期適作」だ。最も適当な時期に、適切なタイミングで、もろもろ対策の手を打ち、最適に作ることである。

「適期適作」はだから、観察が元になる。稲の育ち方、気候に応じた育ちの違い、育ちの異変などをしっかり見抜かなければならない。

話は飛ぶが、先に書いた、日本を襲った一九九三（平成五）年の大冷害のときはどうだったか？

八月の出穂の時期、その前から続く異常な冷夏となった。異常がどんどん進み各地の農家から悲鳴が聞こえた。しかし限定的だが、打つ手はあった。田んぼの水を出来るだけ深く張る「深水」という対策である。水の、温まりやすく冷めにくいという性質を利用し、田んぼに少しでも多く水を入れ、田を温めて稲を手助けする技術だ。

大潟の干拓地をぐるり取り巻く大きな川のような水路（東承水路と西承水路）と南部に設けた大きな残存湖が、大潟の水田全部を深水にする水量をたっぷりと持っていた。そのため通常八〜一〇cm程度冠水している水田を二〇〜二五cmの深水にすることが十分可能だった。

これが効いた。「水温を一度か二度上げられたのではないか。カンフル剤と言っていいほど有効だった」と井手は振り返る。

東北では岩手県や宮城県が夏場、「やませ」と言われる冷たい東風のダメージを受けるのだが、日本海側の秋田県にはその心配はない。

結果、この年の作況指数は、東北地方平均が五六、青森県が二八、岩手県が三〇、宮城県が三九だったのに対し、秋田県は八三（平年作を一〇〇としてその八三%という意味）だった。

大潟全体では、平年より一〇a当たり一〜二俵の減収で済んだのだ。

しかも井手の場合は、幸い一俵以下の減収で済んだ。その理由を井手は「大冷害の年の何年か前から有機無農薬栽培をしていたので、堆肥の力で体力の強い稲が育っていたからだろう」と見る。

農業の基本は「土作り」、という己れの信念を確認する出来事だった。

異常気象の被害を最小限に抑える技術は貴重だ。自然そのものを相手にする技術だけに特別なのだ。大潟の農家が冷害を克服したことこそ「八十八」の真髄と言っていいだろう。

また、こうしたキメ細かな栽培は、被害の大小だけでなく、コメの品質や味をも左右する。その重要性は、機械化が進んだ今も変わらない。

適期適作とは、異常気象に関することだけではない。いろいろな病虫害が稲に出る時期が決まっているので、その時期にぴたり合った対策を講じることが、特に無農薬栽培には必要だ。そのあたりの話は次章に取っておいて話を進めよう。

一年の苦労が吹き飛ぶ収穫、収支もまずは満足の結果だった

八月。稲は登熟の時期を迎える。異変が起きないか、いっそう注意深く観察を続ける。

九月〜十月。いよいよ待ちに待った収穫である。大潟の田が一面、黄金色に輝く。一年目のコメの出来は上々。井手夫婦はそれを満足気に眺めた。半年間の苦労が吹き飛ぶようだった。

モミ（米粒）の膨らみ具合や色合い見て、「今日からだな」と収穫日を決め、井手は収穫に着手した。夫婦二人である。井手がコンバインを操作し稲を刈り取った。コンバインのタンクにモミが一杯になると、それを農道に停めた運搬車に移す。運搬車は妻が運転し、「株式会社大潟村カントリーエレベーター公社」へ運び、貯蔵タンクに移し入れた。

コンバインによる収穫のほか、一〇年後ぐらいから、手刈りした稲束を田んぼの稲架（はさ）に掛けて干す「自然乾燥米」を作ることになる。秋田で「杭かけ」と呼ぶ。田に突き立てた丸太に稲束を串刺しにするように下から上へこんもりと積み上げ、天日で乾燥させ、極上の旨さを引き出そうという

自然乾燥の杭かけ風景

伝統の技である。二〇日間も秋の陽に当てて干す自然乾燥米の味は「顎が落ちるほど」と称賛されるのだが、手間は一〇倍とも言う。

この話、横路にそれる挿話だが、「ここで書き留めなければ」の思いで手間をかけた。

さて一年目の収穫は、全一〇haに二〇日かかった。期間中、天気に恵まれ順調に収穫を終えた。収量は「レイメイ」(七・五ha)が単収約一〇俵で、計七五〇俵。「もち米」(二・五ha)が計二〇〇俵だった。上々の出来である。

モミは搬入先のカントリーエレベーター公社で機械乾燥された後、玄米で共同出荷された。売上金は手数料を引かれ順次、井手の農協口座に払い込まれたが、最終的に井手の手取り総額(粗収入)は約一五〇〇万円だった。

ここから草取りパートさんの人件費、種モミ代、農業機械の購入費・減価償却費などを差し引くと、手元にはコメの再生産資金が残る程度だったが、ほぼ予想通りの収支だった。「良かったねえ」と、夫婦で喜び合った。八女時代より「0」が一つ多いレベルの粗収入は、喜び以上に大きな驚きでもあった。

書き落とせないもう一つの作業は、家でやる夜の仕事だ。作業日誌、帳簿付けなどである。一年目から習慣付ける決意だった。何にいくら金が出て、収入がいくらなのか、自ら詳細を把握しておくことが経営者として絶対に必要だと考えていた。だから、どんなに疲れていても、井手は自らの日課として欠かさずそれらを付けた。その習慣はいまも変わらない。

後年、有機無農薬栽培に転換し、産直に重きを置くようになってから顧客宛の「粋き活き農場便り」を月に一回書くようになる。デスクワークも欠かせない八十八の一つなのだ。

余談だが、アメリカの農家は大豆農家もトウモロコシ農家もパソコンで商品市況を見るのが、昼間も行なう必須の仕事なのだ。コメ農家だってそうだ。コメをどの時点で売るか、毎日パソコンで市況のチェックを怠らないのが普通の姿だ。第6章一五〇―一五一頁の、アメリカの直接支払い制度の説明の部分を読むと、市況チェックとは何かが分かっていただけるだろう。

八十八の仕事を究めるべく、井手はこうして「はるかな道」を、大潟の水田で踏み出したのだった。

4　大豆の優良農家表彰で「全中会長賞」を受賞

二年目、田二・五haで大豆を栽培した

井手の耕作二年目。稲のほか田二枚（計二・五ha）に大豆を植えた。八女時代にも大豆は作ったが、大潟での大規模栽培はまったく別物に思えた。野球グラウンドが二面も三面も作れるような広大さに、ちゃんと作れるか不安もあった。

六月中旬、予定しておいた大豆畑に種蒔き機を使って種を蒔いた。施肥は不要だった。長さ一四〇mの畝（うね）（一区画は一四〇m×九〇m）に一三cm間隔で四条に種を蒔いていく機械は威力十分。精巧でスピードのある作業能力に驚かされた。

これらの作業はすべて農協の指導員の指導のままにやった。

草取りが大変だった。夫婦二人プラス、田んぼと掛け持ちの草取りパートさんで立ち向かった。病菌は、風通しが良いため発生度は低いという地の利があり、農薬は余り多くは必要なく、殺虫・殺菌剤の混合剤を一回撒いただけで済んだ。

ただ、八月に集中して発生したヨトウムシには農薬も手こずり、多くは手で潰すことになった。七月、八月、九月。大豆のそうした作業を田んぼと掛け持ちでこなした。

十月末～十一月、大豆は良く育ち、コメ収穫用のコンバインを代用して収穫した。

一〇a当たりの単収は約三一〇kg、合計約六・八tで、収量は上々。粒の大きい美しい「一等級」の大豆だった。収穫のほぼ全量をコメと同じカントリーエレベーター公社に納め、そこで乾燥、選別作業をし販売してもらった。

大豆は少しずつ売れて行き、後に取り扱い手数料を引かれ、まとめて一〇〇万円ほどの振り込みを受けた。井手は大いに満足だった。大規模栽培のスケールメリットをじわっと実感した。

自慢の肉厚の大きな手を見せてスピーチし大喝采を浴びた

収穫の終わった後、嬉しいことがあった。「全中」（全国農業協同組合中央会）が催していた大豆の優良農家表彰で全中会長賞を射止めたのだ。十一月、東京・大手町の農協会館ホールでの授賞式に出席し、紅白の幕の垂れた晴れがましい壇上で、賞状と記念品（備前焼の壺）を授与された。

祝賀パーティに移ると、いきなり「一言スピーチを」と司会者から指名され、井手は頭の中が真っ白になった。

しかし、逃げるわけにはいかず、腹を決めた。

さあ、何を話すか。ふと自分の肉厚の自慢の手のことが頭に浮かんだ。大潟入植の面接試験のときに活用した、自分を語る奥の手だった。「手をかざし、短くお礼を言おう」とパッと思った。

壇上に上ると、思ったよりスラスラと話せた。

「入植二年目で、こんな晴れがましい賞をいただき、感激しています。本当にありがとうございます。二・五haに種を蒔くなんていう大豆作りは初めてのことでした。一つ間違うと、全滅するかもしれないって心配でした。だから、農協の指導員さんの教えの通りにやりました。いい結果が出て、指導員さんにお礼を言わないといけません」

そう言って一息入れた。そして、会場にいた指導員の方を向いて一礼した。あちこちから拍手が沸いた。井手が続ける。

「もう一つ、お礼を言わないとイカンのは、私のこの手です。七月から八月にかけて大豆に、青虫やヨトウムシがうじゃうじゃ出ました。それをこの手でどれだけ潰したでしょうか。千匹、いや何千匹でした。こうやって潰しました。この手は、小学校のころからタケノコを掘っているうちに、こんなに肉厚で、大きな手になったんです。この手のおかげで、いい大豆が取れたんだと思います」

また拍手が沸いた。

「大豆作りでも、コメ作りでも、農作業が辛いなんて思ったことは一度もありません。手がウキウキして働いてくれます。作物が百姓の努力にちゃんと答えてくれるというのは本当に嬉しいことです。これからも、井手は、大潟で力一杯頑張ります。本日は、誠にありがとうございました」

会場中から大きな拍手が起きた。壇上から降りると、来賓として来ていた農林省のお偉いさんが駆け寄り、井手に握手の手を差し伸べてきた。

井手が、肉厚の手で握り返した。二言、三言、言葉を交わすうち、硬かった井手の表情がやっと緩んだ。井手の日焼けした顔から汗が流れ落ちた。

〝生活の砦〟として大潟村農協との関係を結ぶ

全中会長賞の受賞は、「大潟村農業協同組合」（現在、JA大潟村）の推薦が元になったのは言うまでもない。井手は東京から帰るとすぐ組合長や職員たちにお礼の挨拶に行った。それで人同士の距離がぐんと縮まり、また農協との信頼関係も強まった気がして、井手は心がほっこりした。

農協は当時、日本の農村のどこにおいても農家の人たちの〝生活の砦〟のような存在であった。農協を通してモノを買い、生産物を売り、預金口座を持ってお金の出し入れをする、なくてはならない機関であった。井手との関わりはどうだったか、JA大潟村のことに少し触れておこう。

農協は組合員の出資によって成り立っている。井手は入植後、三〇万円を出資し組合員になった。その後、妻が続き、今では自分ら夫婦と息子、娘夫婦の五人が全員同額を出資し組合員になっている。組合員になると組合理事を選ぶ選挙権を持つが、井手家は五票の投票権を持っていることになる。

農協という存在だが、井手のみならず入植者全員が、当初から農協の組織力を高め、かつ入植者同士の団結を強めようと固く思っていたと言う。ニューモデル農村作りに燃えていた人々にとって、当然のことだっただろう。

「それは今でも変わっていない」と井手。そして今、JA大潟村は組合員が一一八三人、出資金八億八千万円、職員六二人（他に臨時五〇人）という組織（二〇一三年五月現在）に成長している。

通常、多くの農協は組合員の収穫するコメを貯蔵乾燥する巨大タンク＝カントリーエレベーターと呼ぶ施設を持って、そのコメを受け入れ、籾摺り（もみすり）（玄米にする）及び精米（白米にする）、そして販売（流通させる）業務を行なっている。

しかし、大潟の場合、「株式会社大潟村カントリーエレベーター公社」を大潟村・大潟村農協などの出資で作り、コメ販売までの一連の業務を担わせる態勢を取った。井手も初め、このカントリーエレベーター公社にコメも大豆も収穫後の処理を頼んでいた。有機栽培に切り替えてからは、他人のコメと一緒に処理するわけに行かず、独自の設備で処理し「産直」する態勢を敷いている。

このためＪＡ大潟村の業務は、農業機械や資材の購買事業、共済事業、信用事業、そして指導事業が主であり、販売事業はコメ以外のメロンやカボチャなどの野菜に初めから限られていた。

この態勢の下、井手も他の入植者たちも〝農協と共に〟という姿勢は強く、農業機械や資材は何でも農協から買うのがもっぱらだと言う。近年、全国チェーンの大型農業資材専門店が村外にいくつか出店したが、農協の方がやや値段は高いものの多くの人が農協から買っているそうだ。代金は口座決済で、年度末に利用一覧表が届き税務処理もスムーズに行なえて便利だと、井手は農協を評価する。また農業機械の修理も農協頼りだし、預貯金も地元銀行と合わせダブル財布の一方に農協をしっかり位置づけている。

〝農協と共に〟の組合員の姿勢がこれからどう深化していくか。全国的に組合員の農協離れが言われる中、ＪＡ大潟村が今後どこへ向かうのか。しっかり注視して行きたいものだ。

購買、共済、信用事業などを柱とする同農協の経営状況は公式ホームページ（http://www.ja-ogata.or.jp/）で公表されている。

第3章　有機農業への大転換

堆肥製造場（手前の生っぽい資材は、運びこまれたばかりのカボチャの皮や種の山）

1　雑草、害虫、病菌と戦う

稲よりはるかに強勢の雑草

雑草・害虫・病菌の三大邪魔者をどう排除するか。これが井手にとっての一番大きな課題だった。前章でも嫌というほど書いた。

邪魔者の排除に失敗すると、雑草はあっという間に繁茂するし、害虫や病菌も大発生し、作物が大きな被害を受ける。全滅することだってある。

因果な商売である。井手もいつもそうだと思う。しかし、それが農業というものじゃないか！ダラけるな、ヘコタレるな！と直ぐに自分を叱りつけた。

因果、と言ったって、それが自然相手の仕事の面白いところよ！といった心境になるにはまだ時間が必要だった。

邪魔者とは戦うしかない。こいつらをやっつければ儲けが増える、と井手は自らを奮い立たせて邪魔者に立ち向かった。

大潟での初期のころ、すでに除草剤のほか殺虫剤・殺菌剤が普及していて、井手もこれらの農薬の世話になった。雑草に対しては除草剤を一、二回使った。しかし、それでは足りず、結局は人手をかけ草取りに明け暮れた。農薬は経費もかかるしオールマイティーではなかったから。

その邪魔者たち、そしてそいつらと井手の戦いを、ひと通り見ることにしよう。農薬とはどういうものかも、きっと現場感覚で理解していただけるだろう。どうぞ一歩、田んぼに入り込んだつもりで。

まず雑草――。稲作においては、よく知られるヒエを初め多種類の水草が、大潟の場合は五～六月、田植えを終わった直後から一斉に発芽し、二カ月間ばかり物凄い勢いで繁殖する。放っておけば、稲を消滅させてしまうほど強勢となる。

ヒエは、稲と同じイネ科の一年生草で、葉や茎の形態が稲とよく似ていて、草取りで見逃してしまいがちで始末が悪い。踏み潰すほどダメージを与えても死なない強さもある。根を張る力も稲の比ではなく、実を成して増える繁殖力も稲を圧倒し、「最強の雑草」の名をほしいままにしている。稲はモミ一粒が発芽成長し七千～八千個の実をつけるが、ヒエは一粒の実が成長し、おそらく何万個もの実を成す。除草を怠れば怠るほど凶暴になるというわけだ。

〝武士の一分〟ならぬ〝ヒエの一分〟もあるので、あのことも書いておかないと不平等かもしれない。あのこととは、ヒエの実は小さく、コメとは大きく違うが、他のいくつかの「雑穀」と同様にわざわざ栽培されてもいて、赤米や黒米（コメの原種）と合わせて「五穀米」などとして商品化されているという事実だ。

ヒエのほかでは、一年生草のコナギ、タマガヤツリ、アゼナ、ミゾハコベなどがある。また多年生草ではウキヤガラ、オモダカ、イヌホタルイ、マツバイ、クログワイなどの強敵がある。

多年生草は種も成すし、その上、塊茎（かいけい）（地下茎のこと）をもったり、ランナー（イチゴは沢山の茎を伸ばして成長するが、そのような茎を言う）を出したりして増えるので、草取りで完璧を期し難く、とても厄介である。

雑草は増殖し、稲の肥料を奪う。これが最大の悪事。また稲の茎を押しのけるように、また株に巻きつくように伸びて、稲の分蘗（ぶんけつ、またはぶんげつ。稲などの茎が根の近くから枝分かれすること。稲はそのようにして生長する）を妨げる。

これらの雑草との戦いが、稲作の歴史の重要な一ページを占めるのだが、農薬が普及する昭和三十年ころまでは日本のどの農家も五～七月は、ぬかるむ田んぼに入って手で雑草を取る「田の草取り」に必死だった。

その後、さまざまな農薬が開発される中で、除草剤の普及は目覚しく、農家はその手間から解放された。まさしく除草剤は「天恵」であり、雑草は枯らしても、稲は枯らさない農薬は「神の手」だった。

この項では、聞き慣れない雑草の名前が出てきて眼を剝いた方が多かったかもしれない。次項では再び聞き慣れない病害虫がお出ましになる。五月蝿（うるさ）いと思わないで、さらに一歩を。

害虫のイネミズゾウムシやウンカ、病菌のイモチ病などツワモノ揃い

次に、害虫と病菌――。稲作においては、害虫ではイネミズゾウムシや、カメムシのほか、ツマグロヨコバイ、ウンカなどが主である。良く知られたバッタやイナゴもいる。

イネミズゾウムシは田植え直後の稲の葉を食害し、光合成を阻害するほか、孵化した幼虫が稲の根を食べて欠株を作る。カメムシは出穂後に実を吸汁し、斑点米を作ってしまう。ウンカは茎や葉の汁を吸い稲本体にダメージを与える。イナゴやバッタは稲の幼穂や葉を食害する。よってどれもがコメの収量に大きな害を与える。

これらはいずれも田の草取りのように人手で駆逐できるものではなく、農家を悩ませ困らせる。

病菌では、イモチ病がほぼ一つ、かつ最大の難敵である。イモチ病は、育苗期、田植え後の各期を通じて、日照不足や降雨が続くと、つまり低温多湿により稲の葉のほか各部位で発生、大増殖することもある。暗緑褐色ないし黒色の小斑点を作り稲の発育を止める。

殺菌剤にはボルドー液（硫酸銅と生石灰を混ぜて調製する。フランス・ボルドー地域の葡萄栽培で初めて使用された）があり、ずっと使われてきた（有機栽培でも使用が認められている）が、最近では他の農薬も使われている。

病菌や害虫は、当然のことながら農薬に対抗して抵抗力を身につける。それに対して農薬会社が新しい農薬を開発する。そんな病害虫と農薬の〝イタチごっこ〟が繰り返されてきたが、開発に当っては、農薬の環境への影響をなるべく小さくするため、劇的にではなく、ほどほどの効き目を持つ

ものへと移行しながら今日に至っている。

そうした中で、発ガン性が明らかになったり、毒性の強いものは農薬登録が失効し消えて行ったが、例えば戦後、人間のシラミ駆除で名を馳せた殺虫剤のＤＤＴやＢＨＣ、パラチオンなども失効したものの一つだった。それに対し、同じころから有名になった除草剤の「2、4－D」は今も使われ長い生命力を保っている。

次の項が、いよいよ農薬の〝本丸〟の話。どうぞ、最後までお付き合いを。

農薬問題に大潟村ではニューモデルの使命感で向き合う

害虫や病菌は、決して絶滅はしなかった。彼らも種の保存に必死であり、農薬に対する抵抗力をつけていったのだ。

しかし、水田や用水路のタニシやメダカ、ドジョウなどの小動物や魚類は農薬への抵抗力が弱く、急速に生息数を減らしていった。

こうした農薬の問題は短期間のうちに全国に広がり、小動物や魚類が絶滅の危機に追い込まれて行った。農薬はまた、食品の安全性の問題、すなわち稲がそれを根から体内に取り込み、それが米粒に残留するという問題も持っていた。もちろん他の野菜についても同様だった。

一方、農業以外でも洗剤の「界面活性剤」などを含む家庭排水や、工場からの各種化学物質を含む排水による水質汚染、石炭や石油を使う工場からの排煙による大気汚染といった「公害問題」が、日本の高度経済成長の中で昭和三十年代後半以降、大きな社会問題となって行った。

やや遅れて、林業では松くい虫による「松枯れ病」が全国に蔓延し、松くい虫駆除の農薬が空中散布され、その影響が農山村の環境問題としてクローズアップされた。

これらの問題を告発する本が、ベストセラーになったアメリカの女性科学者レイチェル・カーソンの『沈黙の春』（原書は一九六二年発行、日本語翻訳版は一九七四年）や、小説家有吉佐和子の『複合汚染』（一九七三年）などであった。

こうした公害問題が全国的規模で広がる中、農村では農薬散布が環境問題として顕在化するばかりでなく、それを散布する農家の人たちの健康を害して行った。例えば、今日振り返って言われることだが、農薬の影響はさまざまなガンや、喘息とかアレルギー、原因不明の頭痛とか不眠症などとして現れたのではないか、と指摘されるのだ。因果関係の証明は難しいが、十分に検証される必要があるだろう。

因果関係ははっきりせずとも、農家の人たち自らが体調の変化や異常を如実に感じ取り、「神の手」の有難さを思いつつ、これを避ける方法はないかと真剣に考え、対策を探るようになって行った。

大潟村ではどうだったか？

除草剤、殺虫剤、殺菌剤などの散布が日本各地の例に漏れず大潟村でも行なわれた。人が噴霧器を背負って田んぼの中を歩いて散布するやり方や、ナイヤガラ・ホースと呼ばれる長いホースの両端を二人が持ち合い、引っ張って進みながら器具を操作しホースに開いた穴から農薬を噴出させるやり方などがあった。

それらの農薬は、三大邪魔者の発生期に合わせて単品で散布したり混合して散布することになる。それを何回もやらなければならず、大面積の農薬散布は大変だった。

そこで一九八〇年代終わりごろから有人ヘリによる散布が、まとまって行なわれるようになり、二〇〇〇年代になるとそれがラジコン・ヘリで行なわれるようになり、今日に至っている。もちろん今でも人力により個別にやる人も少なくない。

有機無農薬栽培の田んぼの境界にはバッファー・ゾーン（緩衝地帯）が設けられ、農薬散布の影響が出ないよう配慮し合う関係がきちんと出来上がっている。

大潟村では、一九九〇年に有人ヘリコプターによる空中防除を禁止し（ラジコン・ヘリは飛行高度が低く周囲への影響が少ないので除外）、二〇〇一年に「二一世紀大潟村環境創造型農業宣言」を行ない、農家間で環境保護意識を共有しながら農薬の使用量を減らすことを目指している。その結果、全国的に見て農薬散布は目立って少ない地域になっている。

村によると、近年の村内農家の農薬使用は、殺虫剤は全国平均の半分以下、除草剤は同三分の一以下、殺菌剤は同一〇分の一程度だと言う。

2　アイガモ農法を確立する

農薬で人は健康を壊し、用水の魚類は死滅し、一部はその後も復活せず

井手にとって、大潟村入植が決まり、研修で入村してから今年でちょうど四〇年になる。その歩みの半ばに差しかかるころ、一九八〇年代後半から井手は、無農薬農業を模索し始めた。

疲れやすい、風邪も引きやすい、体がだるい、などの体調異変を感じることが多くなり、それもこれも農薬のせいかもしれないと思い始めたのだ。振り返れば、ずいぶん長く農薬を使い、その間、粉末や液体の農薬を水で一千倍とかに薄める際に、手で攪拌(かくはん)していたし、第一、稲に農薬を散布するときには、吐き気を催すほど不快感があった。田んぼへの集団での空中散布のときにはなおさらだった。それなのに、「だから虫にも病菌にも効くんだ」と井手もほかの仲間たちもみなタカをくっていた。

しかし、村の非農家の人たち（農協の職員とか村内に設立された秋田県立大学短期大学部＝その後、同大学大潟キャンパスの教職員や学生寮の学生たち等々）は、窓を閉め切っても防げない猛烈な悪臭に悩まされていた。

稲作以外に野菜栽培もあり、除草剤、殺虫剤、殺菌剤の散布は村のどの田畑でも日常的に繰り返し行なわれた。農家の人たちの、これら農薬への曝露は大変なものだったはずで、井手は農薬が自

分や妻の健康を蝕んでいることをひしひしと感じるようになった。

田んぼからタニシもドジョウもすっかり姿を消し、川からもフナ、コイ、ナマズ、エビなどがだんだん少なくなるのを見るにつけ、恐ろしくなった。沢山いたエビは長らく姿が見えなかったが、最近復活。しかし、ナマズはまだ姿が見えない。

そんな農薬がコメにしつこく残留するのだ。だから、井手は強く思った。自分が食べるコメ、それを買ってくれる大勢の人たちが食べるコメは、身体を作り、健康を作るためのものであって、安全・健全なものでなければならない！　農薬と早く手を切る必要がある！　と。そして、その思いはほどなく不動のものになった。

アイガモ農法に出会い、一徹に独自の農法を完成させる

井手は懸命に情報を集め、研究した。そして、「アイガモ農法」が除草や害虫駆除に効果的だと分かり、一九九一（平成三）年の稲作から試してみることにした。

アイガモはアヒルとマガモの交雑種で、家禽品種である。空を飛ぶ鳥ではないので、それを利用し、逃げないようにヒナに給餌して馴らす。それを水田に入れ田の中を自由に泳ぎ回らせ、雑草や虫などを捕食してもらい、無農薬農業の一助にしよう——というのが「アイガモ農法」である。古くからその原形が日本の農村にはあったが、農薬農業のあおりを受け廃れていた。

昭和の後半から平成の初めあたりに、アイガモの効用に着目する農家が現れ、富山県福野町の荒

川清耕さんや福岡県桂川町の古野隆雄さんらが、アイガモ農法を確立し注目された。

井手も、一九九〇（平成二）年ごろこれを知り、古野さんを訪ねて教えを受けた。そして翌年二・五haで実行することにし、生後数日のアイガモのヒナ四〇〇羽を譲ってもらい、空輸便で受け取った。

それを飼い馴らし田に放ったが、田の中を泳がせる〝労働時間〟が長すぎたのか、そのため田植え後の苗が痛められたのが災いしたのだろうか、理由ははっきり分からなかったが、収量は平均より一〇a当たり二俵も少なかった。

しかし、この程度の失敗で挫ける井手ではない。「食いついたら離さないよ」と翌年は倍の面積で実施し手応えを得た。三年目は一気に一〇haに。そしていま、アイガモ農法を完全に自家薬籠中のものにしている。小さいときから〝思い込んだらまっしぐら〟を押し通してきた一徹者の面目躍如である。

そのアイガモ農法は、こうだ。

五月末から六月初めに田植えをする。田植えから一週間ほど経ち苗の根が根付きだしたころ、ヒナを田んぼに放つ。

田植えの少し前に時期を見計らい、アイガモのヒナを「八郎潟町マガモ生産組合」を通し、名古屋の生産者から空輸で取り寄せる。

ヒナは生後数日経った体長七〜八cmのヨチヨチ歩きのおチビちゃんたち。羽は鶏のヒナの黄色ではなく、初めから茶褐色の親の羽の色に近い。これを田んぼ脇の五〇m²ほどの鳥小屋＝ビニールハウスに、一棟三〇〇羽をメド（一・二五ha一区画分）に分散して入れる。鳥小屋には湯たんぽを置き温めてやり（秋田はこの時期、夜冷え込む）、優しく優しく育てる。

初めヒナたちは水の飲み方も良く知らない。そこで井手がヒナを手の平に包み込み、嘴（くちばし）を押し広げて水を飲ませてやる。何羽かにそうしてやる。すると、みんながそれを眺めていて、ほどなく一斉に水場の水を自分で飲むようになる。餌の食べ方も良く分からないので、井手が餌のクズ米を手でトントンと音を立ててつっつく格好をする。すると、じきに自分で食べるようになるという。

餌のクズ米は自作米で、これに有機栽培しているキャベツを小さく刻んで混ぜて与え、市販のトウモロコシなどの入った濃厚飼料も少しずつ加えて行く。鳥小屋を昼夜よく監視し、泳ぎの練習をして溺れそうになるのを助け上げるなどしてやり、一週間ほど過保護の中で育てる。

これを馴化（じゅんか）と言い、ヒナたちは母親代わりの世話をする井手を、母親と思い込むのだという。

馴化が進み、いよいよ出撃時期を迎える。井手が朝、小屋の中のヒナに餌を与えた後、戸を開け「さあ、行ってらっしゃい」と声を掛けて送り出す。

ヒナたちは日がな一日、広い水田の中をひょいひょい泳ぎ回る。泳ぎながら稲の害虫であるニカメイチュウ、ウンカ、イネミズゾウムシなどを、大きくなってからはそれらのほかイナゴやバッタ、オタマジャクシなども餌にして食べる。田の中に伸びてくる雑草も餌だ。また、泳ぎながら脚の水

当初は畦に銅線を張り巡らしていた

掻きで泥をかき混ぜるので雑草の発生を妨げる効果もある。

夕方、井手が小屋の脇に立ち、「おーい、ご飯だよー」と声を掛ける。田んぼのあちこちからあっという間にみんなが帰ってくる。

餌を食べるのを見ながら、井手が戸に鍵を掛ける。これで一日の終わり。小屋の周りには何重にも銅線を張り巡らしバッテリーで通電しているので、イタチやキツネ、タヌキなどの襲撃から守られ、ヒナたちは安心して眠るというわけだ。

このやり方は、初めのころは違っていて、アイガモ水田の畦にぐるり銅線を張り巡らして獣どもを電気で追い払っていた。つまりアイガモはヒナのときから昼夜ずっと田んぼの中で暮らし、昼間の仕事をしてくれていたのだ。

アイガモをヒナのときから母鳥のように世話

をし、一・二五haもの田んぼ何枚にも銅線を張り巡らす井手の農法を、周りはどう見ていたのだろう。鵜の眼鷹の眼、だったに違いない。

「よくそんな面倒なことが出来るな」などという悪口が風に乗って井手の耳に入ってきた。しかし、井手は歯牙にもかけなかった。「言いたいように言わせときゃいい」「何言われたって痛くも痒くもねえ」と割り切っていた。「オレは一刻者だ」とつぶやいて。

一刻者、イコール一国者。オレは信念を貫く一国一城の主だ、と思っていた。

井手は村の離農者（これまで約一割の仲間が様々な理由で廃業した）の土地を買い足し現在、全部で約一九haの耕地を所有している。

最近の五、六年間は、その内の約一六haでコメの有機無農薬栽培をし、すなわちアイガモ農法を実践してきたが、二〇一四年は約一九ha全部でアイガモ農法のコメ作りをした。アイガモは一〇aで平均一〇羽として、一四年は全部で二〇〇〇羽を導入、七棟のビニールハウスに分散して入れた。

アイガモは日に日に大きくなっていく。しかし、水田を泳ぎ回る日中、彼らは空中からカラスのほかトビやタカ、ワシやハヤブサなどに狙われる。そして運が悪い年は半数近くが空の敵の犠牲となる。可哀想だが、それが自然界の掟だ。

アイガモの成長に合わせて、稲もぐんぐん成長する。稲の最たる害虫イネミズゾウムシも増殖するが、アイガモはこれをほぼ完璧に食ってくれる。アイガモと一緒に草取りパートさんたちも草を取るが、害虫駆除はアイガモにしか出来ず、無農薬米作りにアイガモは欠かせない存在になっている。

また、彼らは水田に糞もする。その糞が有機肥料にもなる。追肥一回分のチッソ肥料分に相当するという。アイガモはそうした副産物までもたらしてくれるのだ。

アイガモ農法のコストと草取りパートさんの人件費

朝、アイガモたちが小屋を出て、先を争うように大軍団となって水田へ出て行く光景は感動的だ。ヒナ軍団は可愛い過ぎる光景、成長した軍団は逞しく迫力溢れる光景だ。

瑞穂の国の米作りのワンシーンだが、通常栽培にはない、また自然界にもない稀有なシーンだ。理屈抜きに感動的である。鳥たちのお母さん・井手が毎朝、胸を熱くして見とれる気持ちがよく分かる。

アイガモの仕事は七月中旬まで五〇〜六〇日間続く。それ以上入れておくと、幼穂を食べたり稲の根を痛めるので、それでお役御免だ。みんなと杯でも交わしたい気分の〝お役ゴメンなさい〟の別れである。

さて、務めを終えたら、である。井手はアイガモたちを、ヒナ購入を頼んでいる「八郎潟町マガモ生産組合」に引き渡すことになっている。「食鳥」としてである。

悲しいが、ハナシを進める。次は代金の清算だ。

一斉に田に泳ぎだすアイガモたち

二〇一四年はこうだった。井手は二〇〇〇羽を導入、約七〇〇羽を失い、約六〇〇羽を友人らに分け与えた。村の五人のアイガモ仲間全体では四九〇〇羽を導入し、〝消耗分〟が合計三四〇〇羽で、一五〇〇羽を同組合に戻した。

清算の仕方はこうだ。仲間全体で戻した割合は約三一％（一五〇〇÷四九〇〇）となる。この割合を五人平等の〝戻し率〟として清算することとし、ヒナの〝原価〟から差し引き、それを組合への支払額とする。

井手の支払額は次。ヒナの原価は一〇〇万円（五〇〇円×二〇〇〇）。戻し分は三一万円（一〇〇万円×〇・三一）。組合への支払額は六九万円（一〇〇万円－三一万円）。

アイガモの餌代は井手持ちが条件。その大半を占めるクズ米はシーズンで一〇〇俵にもなり、一俵五千円とすれば五〇万円で、これは自作米なので節減できたコストということになる。

次に人件費。雑草に対するアイガモ効果は一〇〇%ではないので、アイガモに働いてもらう間も、人手による「田の草取り」が必要なのだ。

草取りシーズン中、毎日、周辺の町村から主婦や定年退職した男女一〇人程度に来てもらい、一日八時間働いてもらう。約一九haを二回りする草取りで延べ約六〇〇人の動員となる。労賃は一日八千円、一年で合計四八〇万円を支払う。二〇一四年もほぼ同様だった。

五人のアイガモ仲間の中には、アイガモの数を井手の倍、一〇aに二〇羽を入れることにより、人手による雑草取りを省いている人もいる。ただ、トータルではどちらが良いか、悩ましいところだと言う。各人がさまざまに工夫しているのだ。

さて、アイガモの最後。その肉は美味しいと評価する人も多い。しかし、羽が鶏と違って引き抜くのが困難とあって食肉での流通は限定的という。

処理法のその問題が研究されているようだし、食肉以外は畜産飼料になっている模様だが、井手は多くを知らない。知らないというより、アイガモ君たちの行く末だから、可哀想な気持ちがあって語りたくない気分なのだ。

しかし、隣り町の町長がアイガモ・ビジネスに意欲を見せ、食材にしたいと井手に相談してきているといい、大いに井手を悩ませている。嗚呼。

3　病害虫をピンポイントで撃つ「適期適作」

害虫の生態を知りぴったりのタイミングで駆除の手を打つ

害虫駆除に農薬を使わない井手は、いろいろな工夫をしている。

農作物の大敵、メイチュウやヨトウムシに対する工夫はユニークだ。

井手は、稲はもちろん大豆や小豆の栽培では、メイチュウやヨトウムシと正面から、かつ必死で対決する。七月〜八月、これら作物の成長真っ盛りの時期にこいつらが発生する。ともに極めて性悪。駆除を間違うと大発生し、青虫が光合成に励む葉を食害するなど大きな害を与える。

特にヨトウムシは〝夜盗虫〟と書くぐらいで、ソバやサトイモなどにも大発生し、一晩でそれらの葉を食い尽くすほどの強敵だ。

だから、これらの害虫が、用水路の周辺などで蛾になって耕作地に飛んでくる時期に焦点を合わせ、蛾を退治することが大事だ。蛾は一匹で何百、何千の卵を産むので、卵を産む前にやっつけ、手遅れにならないようにしないといけない。

蛾が飛来する七月中旬以降が一番の勝負時。井手の作戦は——二リットル（ℓ）入りの空のPETボトルに焼酎と黒砂糖を下半分に入れ、ボトルの上部を蛾が入るくらいにくり抜き（雨水は入らないように屋根を付ける工作をして）、稲だと田一枚の周り一〇カ所ばかりに丸太を立てボトルをぶら下げる。すると、ボトル内の焼酎と黒砂糖の甘い香りに迷わされ、蛾がごっそり入る。

でも、全滅とはいかない。それが人と生き物がせめぎ合うギリギリの関係だろう。井手はそう理解し、青虫によるある程度の被害が出るのは仕方がない、と諦めることにしている。たとえボトルの数を一〇〇倍に増やしても全滅させるのは無理だと。

とはいえ、青虫の発生具合を徹底的に観察する。そしてあまりにひどいときは、毎日一〇人ほど出動している草取りパートさんたちにも手伝ってもらい、総がかりで青虫取りをして乗り越える。これが無農薬栽培の基本スタンスなのだ。

ただ、農薬を使う大潟や他の産地の農家では、これらの蛾や、卵、青虫を農薬で制圧しようと何回も農薬をまくことになる。それでも敵は絶滅しないのに。

では、次に病菌だが、井手の作戦は……ない。風通しが良く病気が出にくいという大潟の天然の条件に恃(たの)み、多少の被害には目をつぶるのだ。入植当初、井手は病害虫用の混合農薬を一、二回撒いていたが、その後はコメに合わせて大豆栽培も有機無農薬に徹している。

井手独自の無農薬作戦は、表現を変えれば、知恵と労力を武器にしたプリミティブ戦法である。「Primitive」は、原義は「原始的」だが、井手はそれに異存はないという。

病菌に対しては、大潟の天然の条件に恃むという姿勢は、原始的と言うにぴったりではないか。知恵と労力により、病害虫の生態に沿って最適のタイミングで駆除の手を打つこと――これを、井手は「適期適作」と称するのである。

適地適作主義で、眠っている農業の宝を掘り起こそう

話は飛んで、適期適作の前に、その地に合った作物を作る、という農業の基本ともいえる「適地適作」がなければならない、というのが井手の持論だ。

適地適作と適期適作。これこそ車の両輪というわけだ。コメに限定せずに適地適作について、少し見ておこう。

鹿児島のサツマイモはどうか。サツマイモは乾燥に強く痩せた土地でも育つ作りやすい野菜の代表。ただ、排水の良い土壌であることが重要なポイントだ。鹿児島県内の土壌は多くが桜島に起因する火山灰土がベースになっており排水は抜群によい。甘さが売りの安納芋のほか、芋焼酎用のサツマイモなどいろんな種類のサツマイモが適地適作として県内各地で作られている。

鳥取では、砂丘の近くなどで砂地をベースに客土（きゃくど）するなどして水はけの良さを生かし、梨・二十世紀等の名産化に成功している。

神奈川県の三浦大根や東京の練馬大根も、その地の土壌も含めた「風土」がそれら伝統野菜にぴったり合っているのだ。

和歌山・有田のミカンや青森のリンゴなどは土壌もそうだろうが、それより気候や気象条件から見ての適地適作品目と言えるだろう。

ちょっと違った角度から一例を挙げておこう。大分県大山町（二〇〇五年に日田市に合併）という山間地の農業の話は聞いた人もあるだろう。

町では戦後間もなくから、地元農協（組合員九〇〇人）の組合長の先見性で、段々畑や山の斜面に、「梅や栗を植えてハワイに行こう」を合言葉に「実のなる木」をこつこつ植栽した。大胆な意識改革・農業改革が当たり、梅や栗などの名産品が誕生した。おまけにそれらの加工品もヒットさせ、さらにシイタケを稼ぎ頭に育て上げて、地の利を活かした多角的な農業経営に成功したのだ。

極貧だった（組合長の言葉）山間地農業はいまや年収一千万円を超える農家が続出するまで大変身した。農家の主婦たちが地元の産品でメニュー作りをした地産地消の農家レストランは、遠方からの客も多く予約なしでは入れないほどの賑わいぶりである。農家レストランは博多市内などにも出店、そちらも大当たりである。広大な観光庭園も整備して六次産業化（第一次産業の農業が、第二次、第三次産業をも取り込むこと）にも成功、適地適作のレジェンド農村になった。

適地適作と言っても、列島中で気候が大きく変化しているので、他所で有名な作物を栽培し始めることもあっていいだろう。眠ったままのどこかの伝統野菜を導入し栽培してもいいだろう。それらが新しい地で適作品目になるかもしれない。

すべては知恵が勝負だ。各地に新たな適地適作品目が誕生することを期待しよう。

4　名産魚ハタハタを混ぜて作る有機肥料

有機肥料って何だ？

農薬を使わない自信満々の無農薬農業を井手は確立した。

無農薬と同様に重んじられるのが、化学肥料は使わず、有機肥料のみを使う有機農業である。無農薬と有機肥料。この二つもまた車の両輪である。

農業は土作りがすべて、と井手は固く信じている。土作りとは、すなわち有機肥料をどう作り、耕地をどう地力豊かなものにしていくか、ということだ。

耕地を豊かにと言いつつ、もしそこで農薬を使えばどうなるか。農薬が、土壌中の有用な働きをする土壌微生物やミミズなどの小動物を殺してしまう。だから、土作りは無農薬でなければならない。有機肥料と無農薬は車の両輪、とはそういうことである。

井手の土作りへ話を進める前に、一つだけ前置きを。有機肥料の意味をはっきりさせておきたい。まず、『広辞苑』に拠ろう。

そもそも肥料とは……「土地の生産力を維持増進し、植物の生長を促進させるために耕土に施す栄養物質。窒素・燐酸・加里をその主要素とし、有機肥料と無機肥料とに大別」とある。

※窒素・燐酸・加里は通常、チッソ・リン酸・カリ（またはカリウム）と表記される。

続いて、有機肥料とは……「動物質及び植物質の肥料。緑肥・堆肥・腐葉や動物の屍体など」とある。また、無機肥料とは……「鉱物質の肥料または動植物を焼いて得た肥料。チリ鉱石・硫安・過燐酸石灰・草木灰の類」とある。

つまり、有機肥料とは有機物（有機質）による肥料のこと、有機物とは炭素（C）を含む化合物の、一部例外を除く総称である。例外とは二酸化炭素（CO_2）や一酸化炭素（CO）など単純なものは慣例的に無機物とされることを指す。

ついでに、さらに付け加えると、チッソ・リン酸・カリは「肥料の三要素」と言われ、それらの無機肥料は、主に鉱石などを原料にして化学的に生産されるので、化学肥料と言う。工場で大量生産される化学肥料には、肥料の三要素を混ぜた「混合肥料」や、単体の「単肥」がある。

大事なことは化学肥料はいずれも即効性、という点だ。

有機肥料は、牛糞など家畜の排泄物に稲藁（いなわら）などを加えて作る「堆肥（たいひ）」を元にし、それに発酵菌のほか生ゴミとか牡蠣殻（かきがら）とかの様々な資材を混ぜ、それら有機物を微生物の力によって発酵させて作るのが一般的だ。

有機物は発酵し、それぞれの有機資材が有するチッソ・リン酸・カリのほか様々な微量元素＝ミネラルに分解される。有機肥料は農家が独自に作る「堆肥」であったり、製造工場で作られる「堆肥＋多種の有機資材」という製品であったりする。

大事なのは、こちらは遅効性であるという点だ。畑に投入してからでも分解するのに時間がかかるためである。

堆肥は日本では戦前から作られ、戦後も一〇年間ぐらいは多くの農家で自家生産され、有機農業が普通に営まれていた。

化学肥料の普及はその後のことで、堆肥作りが長い時間がかかり重労働でもあることから、化学肥料が比較的安く買えるようになると、一気に化学肥料が普及して行った。農薬が雑草にも害虫・病菌にも有効だとして多用されるようになるのと時期を同じくしていた。

昭和二十八年に戻ろう!?

井手家では、どうだったか？　井手が中学を卒業し、本格的に母の農業を手伝い始めたのは一九五三（昭和二十八）年だった。それを井手は良く覚えている。家の畑の隅で作っていた堆肥（鶏糞とか野菜のクズなどが材料）を、タケノコの宝庫だった竹山や畑に運んで行ってバラまいた。

堆肥の運搬や散布は重くて大変だった。それからほどなくして黒木町でも化学肥料を使う農家が現れ始め、井手家でも一九五五（昭和三十）年ごろから化学肥料を、そしてほぼ同時期から農薬も使い始めた。

大潟村に入植し、大規模な稲作をやるようになって、いま四〇年経つ。その半分近くで化学肥料も農薬も使った。その農業のスタイルから脱却し、アイガモ農法を導入したことはすでに書いた通りだ。

自らのこの歩みを振り返り、井手は「時計の針は元には戻せないけど、農法の基本を昭和二十八年に戻そう」と思うようになった。

昭和二十八年へ、というのは井手の心に掲げた〝旗印〟であって、要は有機農業へ転換しよう――という固い決意である。

ただ、「化学肥料や農薬の有用性は否定できない」といった反論が農家の中にも、また世間にも厳然とある。一理ある、と井手も思っている。また、文明は逆戻りはさせられないとも。

しかし、である。昭和二十八年へ戻りたい！　井手は強くそう思う。

農法はこれでなければならないという断定や強制はできない。また、農業については生産者にも消費者にもいろいろな考え方が存在する。この両面を確認して、話を進めることにしよう。

ハタハタなど多種類の生命体を混ぜ独自の有機肥料を年間四〇ｔも作る

農法にはいろいろなものがあっていいが、有機農業への転換に成功し、井手はいま「有機無農薬農業こそが農業の健全な姿だし、その産物が人を健康にし、食のあり方を健全なものにする」と確信している。

井手の水田の一角に建てた、大きなプレハブの作業小屋の片隅に、自前の有機肥料製造場がある。合計約一九haの耕地で使う有機肥料をすべてここで作る。年間四〇ｔにもなる。

肥料の元になるのは堆肥だ。「モグラ堆肥」という商品名のついた堆肥を、静岡県御前崎市にある全国有数の有機肥料製造所から買っている。その堆肥に、自作米を精米するときに出る米ヌカなど多種大量の有機物のほか、男鹿半島の知り合いの漁師から分けてもらう秋田の名産魚・ハタハタ四ｔばかりを混ぜ込み、〝ハイブリッド化〟した最上質肥料に仕上げている。

モグラ堆肥は、京都大学の故小林達治助教授の指導を受けて完成させて以来、半世紀近く「株式会社マルタ」に集う有機農業者一三〇〇人ほどが使っている、悪臭を完全シャットアウトした折り紙つきの肥料だ。

井手は、どのように独自の有機肥料を自家製造しているのだろうか？

いささか細かい話が続くが、有機の世界は精緻で玄妙であり、それがわれわれに「勇気」を与えてくれるように思えるのでは？　読者のみなさん、それに期待して、しばしお付き合いを。

モグラ堆肥は、牛糞をベースに、稲藁、大豆かす、米ヌカ、フスマ（麦ヌカ）、ビールかす、牡蠣殻など約五〇種の有機資材とＥＭ菌（八〇種といわれる有用微生物菌群）を混ぜ、微生物菌の力で発酵させたもの。

それに使われている有機資材は、井手が追加する資材も含めすべて「生命体」である。

その生命体に加える有用微生物菌群が活発に働き、有機質資材を確実に発酵・分解させ、ミネラル分豊富な有機肥料にするのである。有機資材をあれもこれもと沢山混ぜるのは、それぞれの資材が資材に特有のミネラルを含んでいるからだ。

ミネラルはビタミンと同じく、身体を健康に保つために欠かせない栄養素で、約三〇種のミネラルが身体に必要なものとされている。カルシウムは骨の主成分、鉄は血液の重要な成分としてよく知られている。

国は一三種のミネラルを主要なものとして摂取基準を定めている。一三種はカルシウム、鉄のほかリン、マグネシウム、ナトリウム、カリウム、銅、ヨウ素、マンガン、セレン、亜鉛、クロム、モリブデンである。

こうしたミネラル分の豊富な肥料で作った農産物と、肥料の三要素だけの化学肥料を使って栽培した農産物の質や味がいかに違うかはもう説明の必要はあるまい。

話を戻し、ハイブリッド堆肥作りのさらなる詳細を明らかにしておこう。

ポイント1……買って調達する「モグラ堆肥」に、ハタハタのほか無農薬栽培の自作の大豆、モミ殻、米ヌカ、オカラ、菜種カス、「JA大潟村」のブランド品・かぼちゃパイの製造過程で出る種や皮などの生命体を加え、山のように積み上げる。さらに発酵を活発化させるために納豆菌や麹(こうじ)菌を混ぜ、山の上に生石灰を撒き水を掛けて発熱させ、発酵を後押しする。

ポイント2……この山をシャベル付きのトラクターで、何回もまんべんなく「天地返し」をして空気を混入してやり、三カ月ばかりかけて有機物を発酵させ熟成させるのである。

このように手の混んだ、かつ隙のない作業によって、正真正銘、最上質の有機肥料が出来上がるのだ。どんなに大変でも、井手は絶対手抜きなどしない。これぞ強く健康な身体を作る源泉——と思っているからだ。

さて、これをどう施用するかだ。稲作だと収穫後の十一月、トラクターで肥料を散布し、翌年の春耕の際にもう一回散布する。肥料の量は一〇a当たり二〇〇kgが基準だ。大豆にも、あるいは他の白菜やネギなどの野菜類にもこの肥料を適量散布する。

「これで栄養豊富・ミネラル豊富な作物が丈夫に育ちます。収量もいいです。コメも大豆も野菜も文句なしに美味しい。安全安心、栄養豊富で美味しいという三拍子そろった本物の食品です。本物を食べてこそ強く健康な身体ができます」。そう言って井手が胸を張る。

この言葉、誇大広告に聞こえます？

第4章 付加価値農業を目指す

水田の真ん中に設置されたライブカメラ

1 「有機ＪＡＳ」農産物の認定を受ける

有機農産物の規格と表示の仕方を定めた法律はどう制定されたか

有機農産物とはどういうものか。ここまで、井手の肥料作りを通して、その科学性やそれが持つ生命力を明らかにした。次に、有機農産物は法的にどう規定されているか、それを見てみよう。またも堅苦しいテーマかと思われるかも知れないが、ぜひ、お付き合いを。

一九八〇年代後半から、有機農業・有機農産物に対する消費者の関心が高まる中で、有機とか無農薬とかの商品表示にインチキが横行するようになった。それに対し、戦後長らく〝農薬＆化学肥料〟農業を推進してきた農水省は一九九〇年代に入ってようやく重い腰を上げ、対策を打ち始めた、というのが法規制の前史である。

そして、打たれた最初の手が一九九二（平成四）年に制定された「有機農産物及び特別栽培農産物に係わる表示ガイドライン」だった。何の規制もないものであった。

続いて、農水省が有機農産物の規格と表示の仕方を定めたのが「有機ＪＡＳ」制度。一九九九（平成十一）年七月、既存の法律「農林物資の規格化及び品質表示の適正化に関する法律」（ＪＡＳ法＝Japanese Agricultural Standards。昭和二十五年制定）の改正だった。日本の「有機ＪＡＳ」制度がそこから具体的に歩き始めたのである。

その内容は、要約すれば「有機農産物と有機農産物加工食品について、その生産または製造の方法について認定を受けたもののみが、製品に格付表示と『有機』の名称表示を付して流通させることができる」というもの。

翌年、二〇〇〇（平成十二）年一月、農水省は「有機農産物のJAS規格」と「有機農産物加工食品のJAS規格」を制定した。これにより、有機農産物と有機農産物加工食品は、農水省の認可を受けた第三者認定機関（登録認定機関という）によって認定を受けた事業者のみが、「有機〇〇」「オーガニック〇〇」と名乗ったり表示をすることができ、**図表4―1**のような有機認証マークを添付することができるようになった。すなわち認証を受けていないものは「有機」などの表示ができないこととなった。そして、違反に対する罰則も設けられた。

図表 4–1　有機認証マーク

有機農産物の生産の原則はこうだ。その第一は……「農業の自然循環機能の維持増進を図るため、化学的に合成された肥料及び農薬の使用を避けること」を基本にし、「土壌の性質に由来する農地の生産力を発揮させるとともに、環境の負荷をできる限り低減した栽培管理方法を採用した圃場（ほじょう）において生産すること」である。その第二は……第一を踏まえた上で「多年生作物にあっては、最初の収穫まで三年以上であることが必要、また多年生以外の作物にあっては、播種・植え付け前二年以上であることが必要であり、それらの条件をクリアーした圃場で生産されたもの」とされた。

それに沿って、農薬を使用する慣行栽培の圃場との間のバッファーゾーン（緩衝地帯）に関する必要な措置とか、使用できる農薬などの細目も定められた。

また、登録認定機関についても、その要件や、有機認定申請に対する検査〜判定の仕方などが定められた。

「有機ＪＡＳ」制度＝改正ＪＡＳ法は二〇〇〇年七月から施行され、登録認定機関が続々誕生し（二〇一四年現在の登録は六八機関）、生産者や流通業者、小分け業者、食品加工業者などからの有機認定の申請、そして認定が次々となされていった（**図表4—2**）。


以上が、有機農産物等に関する法規制の大きな流れだが、ほかにいくつか大事なことがある。

一つは、前段で書いた一九九二年制定の「有機農産物及び特別栽培農産物に係わる表示ガイドライン」に記された「特別栽培農産物」についてである。

そのガイドラインは何度か改訂されたが、二〇〇七（平成十九）年の改訂が最新のもので、「特別栽培農産物とは、化学合成農薬および化学肥料の窒素成分を慣行レベルの五割以上削減して生産した農産物である」とされている。略称は「特栽」、コメについては「特別栽培米」と呼ばれる。

有機農産物の認定を受けるまでの間の生産物はどういう扱いになるのだろうか？

農薬不使用・有機肥料のみ使用といった条件の下で「多年生作物にあっては、最初の収穫まで三

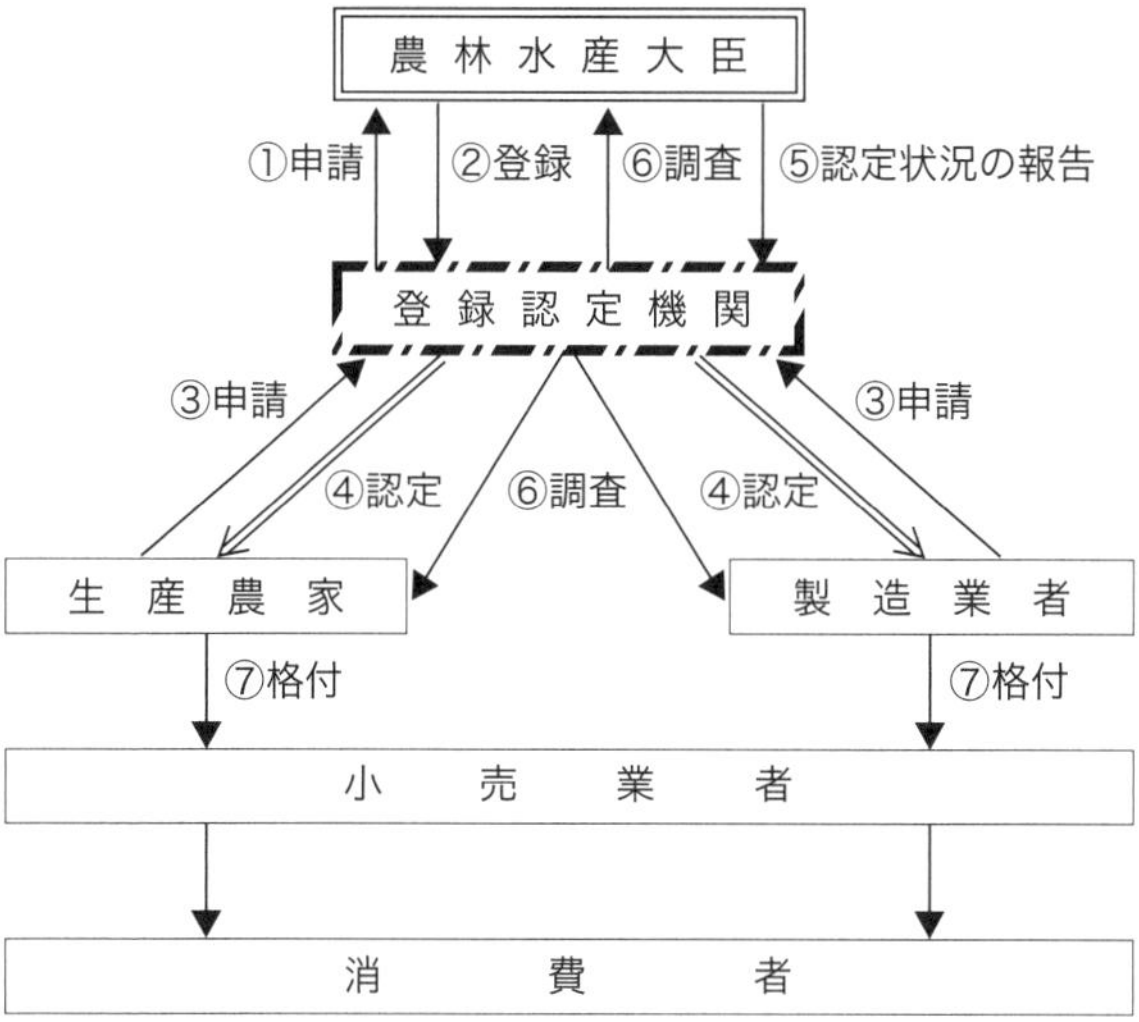

出典：農水省 消費・安全局の資料

図表 4–2　検査認証制度の仕組み

年以上であることが必要……」ウンヌンの規定をクリアする途上にある農産物は、一年以上経過したものに限り「転換期間中有機農産物」というカテゴリーとなり、そのように名乗れることになっている。

また、「有機農産物」には遺伝子組み換え（GMO）農産物は含まれない。ほかに、「有機畜産物」や「有機飼料」についての規格も定められた。

二〇〇六（平成十八）年十二月、「有機農業の推進に関する法律」が制定された。これは具体的な規定をしたものではなく、有機農業推進のための理念や方向性を謳った基本法である。都道府県は「推進計画を定めるよう努めなければならない」としている。

こうした法規制の下で、個別的産直品な

どの中には、認定を受けないまま「有機農産物」と名乗って流通させているケースもあって、流通現場ではダブル・スタンダードだという問題の指摘もされている。法律と対等以上の有機無農薬栽培だからとか、登録機関の認定を受けるコストをかけたくないなどが、その理由のようだ。

しかし、そうした認定を受けないまま「有機〇〇」などと商品表示をしているケースは明らかな「有機JAS」制度＝JAS法違反であり、農水省は二〇一一年十一月〜二〇一三年十一月の間、全国で一八二件を同法違反で指導したと新聞（二〇一四年四月二十一日、日経新聞など）が報じた。

正式な有機農産物は、日本ではどのくらい流通しているのだろうか？

農水省の二〇一三年四月時点の調査ではわずか「〇・二四％」だった。しかも、しばらくずっと足踏み状態である。ヨーロッパではおおむね五〜八％とされており、ずいぶん寂しい日本の現状である。

「有機ＪＡＳ」の認定を受けることのコストとメリット

井手は、「有機ＪＡＳ」制度を心から歓迎した。当時、井手は前章に書いた有機農業者の団体に属していたので、この団体が母体となって誕生した登録認定機関「特定非営利活動法人　日本有機農業生産団体中央会」（略称：有機中央会。理事長：齋藤修千葉大学大学院教授）に認定申請をした。

二〇〇一年春、同機関の「検査員」二人が来訪しての「圃場検査」（一区画一・二五haの全区画で行なう）、モミ・玄米の貯蔵施設などの「施設検査」、そして「栽培記録の検査」を受けた。そして同機関の「判定員」による審査を経て、有機農産物の「生産行程管理者」として認定された。これにより井手は、自作のコメを「有機米」と格付けし「有機JASマーク」を付けて販売することができることとなった。

検査は厳しく、「生産行程管理者」とか「格付け」とか法律上の規定も用語もややこしいが、「まあそんなものだろう」と大方の生産者たちが受け止めている。

井手の会社「有限会社　粋き活き農場」も有機農産物の「小分け業者」の認定を受けた。また、コメは大半が有機米だが、一部作っている「特別栽培米」についても認定を受けた。

認定を受けるための経費は、検査員の出張費など一切を含め申請者負担で、井手の場合、二〇一三年の場合はすべてを合わせて約二六万円だった。これは毎年必要であり、コストは決して小さくないが、井手は検査を受けるのは毎年のノルマと受け止めている。

井手の場合は販売する商品（玄米、白米、モミ発芽玄米、自然乾燥米など）が多いので、一袋五kgとかのコメで言えば、認定のコストは一袋当たり一〇円ぐらいという。

野菜の場合も同様で、販売量にもよるが、全国の生産者平均では例えばレタス一個当たり〇・五円ぐらいだと言われる。

コストの問題より、農水省公認の「有機JASマーク」付きの商品であることが、意味もメリットも大きい、と井手は言う。マークは信用であり、生産者の誇りでもある、と。

有機中央会は、現在六八ある登録認定機関の中では、厳しい検査・認定をする機関の一つと評価されている。井手は、有機中央会の理事を務めている。理事会は学者、研究者、流通の専門家、ジャーナリスト、有機農業者などで構成されていて、井手は東京での理事会に精勤し、自己の利益を超え、会と有機農業の発展の立場から発言を続けている。

2 「汝の食物を医薬とせよ」を座右の銘に

食べ物で身体を作る、健康を作るという体験

有機無農薬農業のノウハウを確立し、経営も安定し、井手が自分の目指す農業に自信をもてるようになったのは六十歳を過ぎたころだった。夫婦二人プラス、一〇年ほど前からは東京から帰ってきた息子と三人、自然の中で米作りや野菜作りに打ち込む毎日は本当に楽しい。

ただ一つ自分の健康が心配だった。高血圧、通風、高脂血症を抱えて薬を飲んでいた。身長一六五cmに対し体重は七三kgもあり、太りすぎで典型的なメタボだった。忙しい農業という仕事柄、早食い・大食いだし、ビールと焼酎の晩酌を欠かさないという生活習慣もあり、問題の原因ははっきりしていた。

大潟で一緒に頑張った母を、入植三年目に六十八歳という若さで脳溢血によって亡くしていたことも重なり、「オレもトシだからなあ。身体に気をつけなきゃ」と思うようになったのも自然なことだった。

秋田市の健康食品店のCさんに幾度となく薦められていた大豆を原料にしたある健康食品があった。大豆が発芽するときに生成される「ガンマ・アミノ酪酸」（ギャバ）を豊富に含むという大豆原料の健康食品で、通風や高脂血症に良いというのだった。

六十二歳の二〇〇〇（平成十二）年春のこと。久しぶりにCさんに会った際に「絶対にいいから」とそれを薦められると、素直に従う気になった。そして、毎朝一袋ずつを妻も一緒に食べ始めた。「井手さんの出番はこれからよ。もっと食生活に気を使わないと」という忠告も素直に聞き、晩酌も極力控え目にした。

するとどうだ。二週間で見る見る体重が減り始めた。気をよくして思い切って晩酌をやめると、スタートから三週間で体重が一〇kgも落ちた。言うまでもないが、仕事は前と変わらず、農作業で目一杯体力を使い続けてのことである。

体重が減ると、感覚的にも身体が軽くなり、頭のもやもや感もなくなり、断食したときのようにすっきりした気分だった。生き返ったように思え、本当に嬉しかった。通風も高脂血症も快方に向かい、体重が減ったためか、高血圧まで改善され、こんな痛快事はなかった。

Cさんに心から感謝した。あの機会は「天啓」だったと井手は思っている。

汝の食物を医薬とせよ——。これは古代ギリシアの医聖ヒポクラテスの言葉である。若いころから愛読する月刊誌『現代農業』で、いつのころか読んだ記事で学び、脳のひだに焼き付けている。そして、それが井手の第一の座右の銘となっている。

有機無農薬米の販売を引き受けてくれている「有限会社医聖会」(千葉県山武市)の成毛壮一郎会長からもよく言われる。「食物を医薬とする生き方を実践しましょう。ヒポクラテスを真似しましょう。真似るは、学ぶ。一緒に学び、追究していきましょう」。

ガンマ・アミノ酪酸＝ギャバって何だ？

健康食品がもてはやされる中、ギャバ(GABA)という言葉がよく聞かれる。GABAとはgamma-aminobutylic acid、すなわちガンマ・アミノ酪酸である。そのプロフィルを少し見ておこう。

GABAは一九五〇(昭和二十五)年に、哺乳動物の脳から抽出されたアミノ酸の一種。高等動物においては、抑制性の神経伝達物質であることが明らかにされている。また植物にも存在しているという。この〝植物にも存在〟という事実が井手にとって大きな意味を持つのだ。

GABAの効用は、血圧上昇抑制のほか脳の血流改善、精神安定、腎臓・肝臓の機能活性、アルコール代謝促進、消臭など多岐に亘るとされる。大腸ガン抑制作用も期待されているという。

GABAはまた、農水省中国農業試験場の研究者が、米ヌカからの生成に取り組み、米胚芽由来のGABA富化素材を開発したことでも知られる。GABAを富化させたお茶の開発なども進められているそうだ。

そのGABAを教えてくれたのはCさんであり、大豆原料の健康食品の威力を知って以来、GABAは井手の頭の中で存在感を増している。

井手がモミ発芽玄米の製法特許を取ったのは、こうした先人たちの研究が基盤になっているし、モミ発芽玄米の製法技術は公開されているので、井手の技術が次の何かを生むことにつながるかもしれない。

3　モミ発芽玄米の製法特許を取って商品化する

モミを発芽させるのは苗作りのときだけ、という固定観念を破る発想

井手は自作の有機米や有機大豆、有機野菜、さらに手作りしている味噌や納豆などを、「汝の食物を医薬とせよ」という目で見ている。特許を取ったモミ発芽玄米も、そのことが根底にあった。

その特許製品はどうやって生まれたのだろうか？

井手はいろんな有機農業関係の会合で年に何回も上京する。二〇〇二（平成十四）年の早春に、上京したときのことだった。会合のあと、フード・コンサルタントの人たちと会食し、意見交換する機会があった。

そこで「モミから発芽玄米は作れないかな」という意見がぼそっと出た。井手は全身に電流が走ったような衝撃を感じた。コメ農家の誰も、コメ農家だから、誰も発想しないことである。つまり、モミを発芽させるのは稲の苗を作るときのこと、と相場が決まっていたからだ。

井手は、そのとき直感した。面白い商品になるかもしれないぞ、試してみる価値があるなと。

ちょっと寄り道をしよう。モミとか玄米とかがよく分からない読者もいるだろうから。

稲の苗は、モミ（籾）が発芽し成長したもので、一本の苗を植えると、それが最大一〇本ほどの茎となり（分蘖（ぶんけつ）という）、その茎の上部の稲穂に米粒が全部で七千～八千個実る。その粒がモミである。

今日では収穫機械のコンバインが稲穂からモミだけを切り取り（稲藁は切断され田んぼの中へ吐き出される）、モミは貯蔵庫（カントリーエレベーター）に入れ、乾燥させられ、次にモミ摺り機でモミ殻が剝ぎ取られ、「玄米」になる。そして、玄米の外周部のヌカを精米機で削り落とすと「白米」になる。

コメは玄米か白米で消費される。ヌカにビタミンB1、B2など豊富な栄養素があるため玄米を好む人、ヌカの栄養素を惜しみつつ食感が良く食べやすいと言って白米を好む人、とさまざまである。

その玄米をわずかに発芽させる処理をした玄米が「発芽玄米」であり、くだんの意見交換の席でサプライズがあったときは、すでにいくつかの企業の商品が市販されていた。発芽の過程で生成される「ガンマ・アミノ酪酸」が前項で見た通り身体に良いと評価されてのことだ。

その発芽玄米とどこか違う効能が、モミ殻付きのモミ発芽玄米にはあるかもしれない、と井手は直感したのだった。

農水・厚労の二省を騒がせてモノになったモミ発芽玄米の製法

そのときから一年がかりで、井手は「モミ発芽玄米」の製法を完成させた。そして特許申請をし、三年後に特許の認定を得た。二〇〇六（平成十八）年九月から「芽吹き小町」（品種はあきたこまち）の商品名で販売開始しヒットさせた。失敗の連続で紆余曲折・試行錯誤の末の発明だった。

開発のプロセスはこうだ。

ある程度、製法の見通しがついたところで、井手は、開発しようとしているものが加工食品に当るか、当らないかをチェックしようと保健所を訪ねた。

結果、加工食品ではないとの回答を得た。普通の発芽玄米は高温処理するので加工食品だが、井手のモミ発芽玄米はそうした高温処理をする工程がなかったからだ。次に、同じことを確認するため「秋田農政事務所」（「食糧管理法」が廃止される前の秋田食糧事務所）を訪ねた。

すると、即断できないと食糧庁へ事案が上げられた。じりじりして待つ井手に三カ月も経ってようやく知らせが届いた。加工食品ではない、という朗報だった。発芽の過程で高温処理しないので生鮮食品、つまり「生の米と認める」という結論だった。

結論に時間がかかったのは、農水省にしてみれば、前例のない事案だったからだ。従来は米の歴史開闢（かいびゃく）以来ずっと米の出荷に当たっては、田んぼから収穫したモミのままの状態で「穀物検査」をしていたところを、モミを発芽させる過程を経た状態で検査するというのは驚天動地のことであった。いわゆる米ではなく、〝加工食品の米〟ではないか、という検討だったのだ。

後日、いろいろ情報が入ったが、結論が長引いたのは、農水省と厚労省の協議も関係していたということだった。井手は思った。自分のアクションは、国の二つの省を騒がせ、〝千金の答え〟を勝ち得たのだと。何か面映く、そして痛快だった。

この決裁が出て、農水省は、従来より穀物検査を幅広くやらなければならなくなったわけで、その趣旨の農水省の「通達」が出されるオマケが付いたのだった。
秋田農政事務所の所長たちはこれで、秋田発の新しい動きを自分たちが作った形になり、いささか鼻を高くしているように井手の目には映ったそうだ。そんなエピソード付きの特許物語である。

モミ発芽玄米の製法はこうだ。

①製造所内の貯蔵庫でいったん乾燥させたモミを取り出し、タンクの水に約四八時間浸し、吸水させる。大きなネットの袋に一回当たり一 t のモミを入れて行なう。
②タンクの水を抜き、次に摂氏三二℃の温水を入れ二〜三日間漬ける。すると、モミから一斉に小さな芽が出てくる。
③その状態で今度はタンクに冷水を流す。丸一日、発芽したモミに冷水を掛け流しにするのがポイント。これにより発芽で発生するイヤな発芽臭が取れる。このとき発芽が止まる。発芽が止まり、なおモミはしっかり生きている。
④脱水乾燥機に入れ、発芽状態のモミを脱水、乾燥させる。このとき芽は乾燥してしぼむ。
⑤これをモミ摺り機にかける。
⑥機械で選別し、真空包装して出荷する。
製造所は、学校の中規模体育館ほどある鉄骨造りの建物の一角。ステンレス製の一千ℓタンクは

モミ発芽玄米の製造ライン

知り合いに格安で作ってもらった特注品。脱水乾燥機は大手農機具会社製のもの。

これらの製造ラインは、すべてを井手が工夫し自ら設計しおおむね一人で施工した。付属する資材もすべて安上がりに調達し、設計後二カ月ばかりで、ムダもムリもないコンパクトな製造ラインを造り上げた。建物だけは建築会社の施工だった。上の写真が自慢の施設だ。

「このくらいは朝飯前。百姓は何でも出来なきゃ務まらない。オレは電気屋、機械屋、水道屋、棟梁などなど、何でもござれの何でも屋よ」と井手は笑う。

工場で使う水には、特にこだわった。ユネスコの世界自然遺産・白神山地（青森県）の渓流の水などを何カ所からもタンクで汲んできては、最初の工程のモミの浸潤(しんじゅん)に使って効果を見たり、嫌な臭いが〝特別な水〟で取れないかと効果を試したりした。そして結局最後は、水道水に落ち着いた。水道水を使い、活性炭活用の浄水器で浄水することにしたのだ。

玄米を発芽させるときの特有の臭いはやはり嫌う人が多い。その問題をクリアするのが一番大変だった。試行錯誤の末にたどり着いたのが、冷水を掛け流しにすることだった。コロンブスの卵ではあるが、右往左往し解決に長い時間がかかった。

その製法の完成途中に、これで大丈夫と判断し出荷したら、コメの顧客大勢から注文があり喜んだのもつかの間、「臭い」とクレームが続出。回収することになり何百万円もの損失を出したこともあった。

しかし、すぐに気持ちを立て直し、工夫を重ね、掛け流しという解決法を見出したのだった。さすがは一徹者である。

モミ発芽玄米は普通の発芽玄米よりギャバなどの栄養素が身体に吸収されやすい

モミ発芽玄米のメリットは何か？

二〇〇三（平成十五）年五月、特許取得のために「芽吹き小町」の分析を「一般財団法人 日本食品分析センター」に依頼した。

その検査結果（図表4—3）を見ると、ガンマ・アミノ酪酸（GABA）の値は「一〇〇g中に三六mg」である。これは普通の発芽玄米の平均的含有量とされる「一〇〇g中に一〇mg」と比べる

図表4–3　モミ発芽玄米の分析試験結果（一般財団法人 日本食品分析センター）

分析試験項目	結　果	検出限界	注	方　　法
水分	17.2g/100g			常圧加熱乾燥法
たんぱく質	7.2g/100g		1	ケルダール法
脂質	3.0g/100g			酸分解法
灰分	1.2g/100g			直接灰化法
糖質	68.7g/100g		2	
食物繊維	2.7g/100g			酸素－重量法
エネルギー	330kcal/100g		3	
カルシウム	10.0mg/100g			ICP 発光分析法
マグネシウム	122mg/100g			原子吸光光度法
サイアミン（ビタミン B_1）	0.37mg/100g		4	高速液体クロマトグラフ法
リボフラビン（ビタミン B_2）	0.04mg/100g			高速液体クロマトグラフ法
ビタミン E（α－トコフェロール当量）	1.3mg/100g		5	
α－トコフェロール	1.3mg/100g			高速液体クロマトグラフ法
β－トコフェロール	検出せず	0.1mg/100g		高速液体クロマトグラフ法
γ－トコフェロール	検出せず	0.1mg/100g		高速液体クロマトグラフ法
δ－トコフェロール	検出せず	0.1mg/100g		高速液体クロマトグラフ法
遊離γ－アミノ酪酸	36mg/100g			アミノ酸自動分析法

注1　窒素・たんぱく質換算係数：5.95
注2　栄養表示基準（平成8年厚生省告示第146号）による計算式：100－（水分＋たんぱく質＋脂質＋灰分＋食物繊維）
注3　栄養表示基準（平成8年厚生省告示第146号）によるエネルギー換算係数：たんぱく質, 4：脂質, 9：糖質, 4：食物繊維, 2
注4　サイアミン塩酸塩として。
注5　α－トコフェロール1mg、β－トコフェロール2.5mg、γ－トコフェロール10mg 及び δ－トコフェロール100mg をそれぞれα－トコフェロール当量1mg とした。

と三・六倍も高い。

　また、ミネラルを含めたGABA以外の栄養成分も、他の玄米および白米と比較（**図表4—4**）すると、モミ発芽玄米はすべての成分で玄米よりも高く、白米よりは顕著に高いことが分かる。栄養成分だけから言えば、モミ発芽玄米が最も優位にあるのだ。**図表4—3**は一〇〇g中、4—4は一五〇g中の数字なので、注意して見比べないといけない。

　肝心なのは、これらの栄養素が体内でどれだけスムーズに効率的に吸収されるかだが、

図表4–4　芽吹き小町との比較

玄米と白米の栄養価・150g（茶わん約1杯）あたり

項　　目	玄米ごはん	白米ごはん	白米に対する玄米の栄養価
食物繊維（g）	5.3	0.6	8.8倍
たんぱく質（g）	5.0	3.9	1.3倍
脂質（g）	2.0	0.8	2.5倍
糖質（g）	47.1	47.6	1.0倍
カルシウム（mg）	6	3	2.0倍
リン（mg）	195	45	4.3倍
鉄（mg）	0.8	0.2	4.0倍
カリウム（mg）	165	41	4.0倍
ビタミンB1（mg）	0.24	0.05	4.8倍
ビタミンB2（mg）	0.03	0.02	1.5倍
ビタミンE（mg）	1.1	0.3	3.7倍
マグネシウム（mg）	72	6	12.0倍
亜鉛（mg）	1140	810	1.4倍

出典：http://www.h2.dion.ne.jp/~waiwai/genmai.htm

モミ発芽玄米は、普通の発芽玄米に比べて、栄養素の吸収が優れて高いという。

GABAについては前項で見たが、玄米食を語る際に話題になるもう一つの物質、フィチン酸についてここで見ておくことにしよう。

フィチン酸は未精製の穀物や豆類に多く含まれ、玄米では胚芽や表皮に含まれている。一九九八（平成十）年、京都で開かれたフィチン酸などの米ヌカの成分に関する国際シンポジウムでは、フィチン酸の生理作用として大腸ガン、乳ガン、肺ガンなどの予防に役立つ可能性があるという研究報告がなされた。

現在、そうした抗ガン作用や抗腫瘍効果、抗酸化作用による治療への応用が研究されている。また単独に遊離されたサプリメントがすでに売り出されている。フィチン酸はまだ研究途上にあり、身体のミネラル吸収に関しマイナス効果が流布されるなど、効能の完全定着はまだ先になるようだ。

ガンマ・アミノ酪酸、フィチン酸ともに、これまでの研究成果については指摘される効果を冷静に受け止め、食生活に活用する姿勢が大事だろう。

白米よりも、玄米が、玄米より発芽玄米が、さらにモミ発芽玄米が、栄養素の面では最も優位にあるという事実だけは、消費者にしっかり知ってもらいたい——というのが井手の願いである。

世上いわれている「玄米は栄養素が高いが炊きにくく食べにくい」という固定観念を捨て、「三度三度の食事から玄米パワーをゲットするぞ」という新しい食のポリシーをもってもらいたい——というのが井手の祈りである。

モミ発芽玄米は、普通の炊飯器で炊けるし、食べにくいなどということはなく、しかも栄養豊富で美味しいと井手は強調する。

精気の「気」、活気の「気」の溢れる「有限会社　粋き活き農場」の工場

特許製品・モミ発芽玄米も、有機無農薬米の玄米も白米も、その玄米餅も白米餅も、同じく有機無農薬の自然乾燥米も、それらこだわりのコメ商品は、効果的にＰＲし販売しなければならない。

井手は一九九〇（平成二）年、「有限会社 粋き活き農場」を設立し、玄米貯蔵タンク、冷蔵室、出荷作業室、事務室などから成る鉄骨の本社工場を自宅近くの用地に建て、販売体制を整備している。

モミ発芽玄米の製造ラインも本社工場の中に設置したが、そうした製造所を置くことを前もって計算していたかのように工場は天井の高い大きな造りだ。

モミ発芽玄米は先に見た製造ラインで作られ、出荷作業室で袋詰めにされる。この一連の工程こ

そ一〇一頁に書いた「有機ＪＡＳ」制度における「小分け業者」として認定された、厳しい基準を満たす小分け業者の作業現場なのである。

会社は二年前から娘婿が社長で、従業員六人で運営されている。井手は会長で、スタッフの一人としても働く。工場内はとても清潔に保たれ、「芽吹き小町」を扱っているせいだろうか、天地万物の精気に満ちている、とでも言うような雰囲気だ。

取り扱い商品は、この項の冒頭に書いた有機無農薬米の商品のほか、一部、自作の特別栽培米も含まれている。また、アイガモ農法の仲間四人のコメの販売も引き受けている。

取扱量は、自作のコメで計算すると全部で二〇一三年はざっと一五〇〇俵だった。また仲間の分が一千俵だった。その取り扱い総量は東電・福島原発事故の前までは四千～五千俵もあったのに、事故後は二〇一一年、二〇一二年、二〇一三年と減少続きなのが、井手の悩みだ。

有機米と慣行栽培米の価格差の実態と価格差の理由は？

「有限会社 粋き活き農場」の商品は、モミ発芽玄米「芽吹き小町」が加わり、ずいぶん多彩になった。ラインナップはいま現在も同じだ。商品価格を知りたい人は「粋き活き農場便り」をダイジェストした**第5章の2**、一三三頁をご覧下さい。

会社は、井手が生産したコメを仕入れ、有機米・特別栽培米（それぞれ白米／玄米）として、また「芽吹き小町」として、さらに餅にも加工して販売している。販売チャネルは、個人向け産直と生協向け一括産直(「株式会社マルタ」経由)が主で、二〇一三年は年商約七千万円だった。かつては生協分が八割を占めていたが、いまは生協分は二割に減り、健康食品や自然食品店扱いの分、そして個人産直の割合が増えた。いろんな理由で顧客層が変わるので、営業力アップが課題だと言う。

有機米は慣行栽培米と比べて価格はどう違うのだろうか?

井手の場合、「有機米生産者の井手」から会社への売り渡し価格は、一般の慣行栽培米(農薬使用米)より一俵六〇kg当たり八千円〜一万円高い設定にしているという。

分かりやすくするために一〇kg当たりの価格で言うと、慣行栽培米より有機米は一五〇〇円前後高いという計算になる。これは生産者の出荷価格なので、スーパーなどでの小売価格は、例えば二千円〜三千円高い価格になっていると見ていいだろう。

小売で仮に慣行栽培米が一〇kg四千円だとすると、井手の有機米は六千円〜七千円ぐらい、という予測になる。この数字は、スーパーなどで有機米のコメの価格を見る際の参考になるだろう。

有機米を慣行栽培米より一俵当たり八千円〜一万円高くするのはなぜか?

有機米の栽培は、第三章などで見た通り、除草などの人件費(約五〇〇万円)をトップに、アイガモ飼育、有機肥料製造、有機農産物認定などの費用が、慣行栽培にない余計な部分としてかかることに加え、有機米は一〇a当たり八俵しか取れず、慣行栽培より二俵少ないことがその理由だ。ちなみに慣行栽培で化学肥料のチッソ分を沢山施肥すると、一〇a一〇俵とかそれ以上の多収が可能だが、チッソ分が多いとコメの味が落ちるのだ。そのことも有機米の単収を少なく抑えている理由の背景にある。

井手の採算についての考えはこうだ。

あえて採算面のみで言えば、単収は少ないが高く売れる（買ってもらえる）から、コストの高いコメを作っているわけだ。高く売らざるを得ないと言ってもいい。

それ以上に、生産者としての〝こだわり〟があり、「安全で美味しいコメを食べたいという消費者ニーズに応えるのが農家の務めだもの」と井手は強調する。

4　ＷＥＢサイト「田んぼの24時間」のライブカメラ

コメ作りのすべてを映像で見て知って欲しい

「田んぼの24時間」というＷＥＢサイトを、井手が立ち上げたのは、二〇一四（平成二十六）年三月十日、大安の日だった。

雪に覆われた大潟村の井手の水田の隅に、高さ六ｍの鉄塔を建てた。その天辺にライブカメラを取り付け、カメラに内蔵した発信装置により、「ＮＴＴドコモ」を通して映像データをインターネット配信するというもの。世界中から、誰もがその映像をインターネットで見られるようにしたのだ。

パソコンやスマートフォンを受信者が操作すると、カメラは遠隔操作で三六〇度回転するようにセットされているので、田んぼの風景が好きなように見られるというわけだ。カメラの脇にソーラーパネルが取り付けられている。カメラはそれを電源にして稼動し、明るい月夜なら夜の風景も見られる。

読者のみなさん、インターネットで検索してみて下さい（URLはhttp://ikiikifarm.co.jp）。「粋き活き農場」（井手の会社のホームページ）と日本語で入力しても検索可能だ。

広大な水田での井手の作業ぶり、田んぼの風景や周囲の大潟村の水田の風景、さらに遠く寒風山（かんぷうざん）なども見渡せる。ひょっとすると夜、出没するイタチ、タヌキ、キツネなどの獣も見られるかもしれない。

アイガモ軍団の仕事ぶりは、通年、スチール写真で見られるし、六〜七月だとライブカメラ（動画）が見られるようにセットされている。

この装置を稼動させるためのコストだが、ライブカメラの装置の購入費のほか鉄塔やソーラーパネルの費用、毎月課金される通信費などが必要で、初期費用だけで数十万円かかった。

その狙いは何か？　一言で言えば、コメがどう作られるのか、有機無農薬栽培のコメ作りはどう進められるのか、それを沢山の人に見て知ってもらいたいからだ。〝無農薬栽培〟がどんなに大変なのかが分かってもらえたら、と井手は願っている。

サイトには、有機無農薬栽培について、あるいは有機肥料の作り方やそのメリットについて分かりやすい解説文も載せている。また、自身の商品である「有機ＪＡＳ」認定の有機米やモミ発芽玄米などのＰＲも載せ、注文を受ける欄も設けている。

また、井手はタブレットを駆使し、日常生活や農作業などの写真を毎日撮り、短い記事を付けて「フェイスブック」で発信している。それらの写真や何気ないツブヤキの一言が生き生きしていて面白いのだろう、毎日、サイトを多くの人が訪問している。

サイトをサポートする人たちと老農のたたずまい

井手はこのWEBサイトの構想を長年温めてきた。発想したのは四年も前のことで、二〇一〇(平成二十二)年六月一日付けの「粋き活き農場便り」でコメ購入の顧客にこう告げている。

「五月末の大寒波で稲は痛み、生まれたばかりのカモの赤ちゃんたちは弱い鳥が死んで淘汰されていきました。アイガモの力を借りてコメ作りする私の農法を、水田に設置したカメラで二四時間、インターネットで発信する計画を温めています。じっくり研究して実行していきます」

アイガモの死んだヒナたちが可哀想で仕方なかった。そんなことは初めてで、そうした命のこと、自然の厳しさを人々に知ってもらいたいと強く思った。

そのときふと映像発信のアイデアが浮かび、顧客への便りで伝えたくなったのだ。パソコンのビギナーだった井手はそのとき以来、いろいろ研究してきて、この日を迎えたのである。

幸い井手の周りにはサポーターがいた。自宅の隣に住む青年農家でWEBクリエーターのSさん、このプロジェクトをプロデュースしたITに詳しい北海道のMさんらである。Sさんは二〇〇六(平成十八)年にモミ発芽玄米を発売し始めたとき、「粋き活き農場」のホームページを作製してくれていた。

北海道のMさんは、筆者が井手とMさん双方の友人であるという縁でつながり、井手を支援することになった。東京でライブカメラ店を回りカメラの機能を調べ、構想をシステム化する体系図を描き、その実行手順など具体的なアドバイスをしてくれた。

井手はインターネット世界をじっくり学び発酵させた。システムの体系を理解し、設置を決意してからの動きは機敏だった。監視カメラを「装置化」する独自技術をもつ東京のKライブカメラ店で、カメラと一体の装置の購入を二〇一四年正月に決めてから二カ月後に「田んぼのライブカメラ」を稼動させたのだ。

ライブカメラ（最上部）とソーラーパネル

一月〜三月半ばまでが井手の農閑期である。この時期とばかり鉄塔を建てたのは二月。大雪原の中、それを一人でやってのけた。フォークリフトを農道に乗り入れ、田んぼの隅を掘ってコンクリートを打ち、六ｍの鉄塔を建てたのだ。

三月十日。フォークリフトの台に乗って、鉄塔の天辺に、ライブカメラをセットする井手の姿は頼もしかった。

作業を終え、フォークリフトから降りた井手が、今度はタブレットを手に鉄塔のライブカメラを撮るシャッターを切った。

生き生きと輝く男の姿が雪原にあった。

第5章　コメ作り四〇年

自然乾燥米のためのバインダーによる収穫

1　今日一日、天職を楽しむ

早起きして田んぼへ、自然の中のアイガモに「生」を見る

井手はいま七十七歳。本人はそうは思っていないが、一般的には後期高齢の老人である。一人の男が、元気印の老農が、どんな一日を過ごしているのかを見てみよう。

夏バージョンでお伝えする。

朝四時に起きる。目覚まし時計要らずの、夏場の起床時間である。冬は五時、と決まっている。さっと起きて、一五km離れた田んぼへ軽トラで向う。

どこまでも平らに広がる大潟の田んぼ。一面緑の稲の上を、風が爽やかに吹き抜ける。田んぼに着くと大きく背伸びし、胸いっぱいに空気を吸い込む。

真っ先にアイガモの小屋へ行く。ヒナを小屋から田んぼへ出してやるためだ。井手はヒナたちのお母さん。

「もう起きてたかぁ。みんな元気かぁ」

そう声を掛けながら、餌を与える。続いて小屋の戸を開ける。ヒナたちがピーピー、ピーピー鳴きながら、歩いて満々と水をたたえた田んぼへ入っていく。アイガモ軍団の出動である。

「今日も頼むぞぉ。頑張れよぉ」と言いながら井手が満足そうに眺めている。

彼らの様子を少し見てみよう。こんなこともある……。

空にはカラスやトビやタカが飛んでいる。スキあらばと、アイガモを狙っているのだ。危険が迫ると、アイガモたちは敵に立ち向かうように固まって一斉に敵の方向を向き、集団で防御の陣を組むという。いやあ、凄い。

でも、大丈夫でないときもある。体力の弱いヒナ、仲間から離れて泳ぐヒナなどがターゲットにされ襲われる。猛禽類ハヤブサの急降下の襲撃はすさまじい。井手があっ気にとられ、「コラーッ」と叫ぶ間もなくヒナが鷲づかみにされる。そうして気の毒に年に二、三割がやられてしまうという。運の悪い年は半分近くがやられてしまうことも。

田んぼ脇の大きな作業小屋の屋根にはスズメたちが群れている。スズメたちは、アイガモが襲われるときにはピッピピッピピッピッと嬌声（警戒警報）を発するそうだ。それも凄い。

生き物はみな自らの「命」を必死に守ろうと生きている。また、鳥などは他の「生」も見ながら生きているのだ。

「生き物たちを見習って、オレも一生懸命頑張らなきゃって、思わされる」と井手はしみじみと言う。

井手はアイガモが泳ぎ回るのを見ながら、田の畦をぐるり歩き回る。先に書いたが、稲の葉や茎の伸び方やその色を見て、生育が順調かどうか、あるいは病菌は発生していないか、畦から水が抜けたりしていないか、水位は適当か、などをチェックするのだ。

朝六時。家に帰って朝食。若いころから変わらぬ早食い・大食いだ。休む間もなく、また田んぼへ向う。ひところは草取りパートさんたちを迎えに行っていたが、いまはパートさんたちは自分でやってくる。八時には一〇人ばかりが揃い、井手も一緒に田の草取りに打ち込む。

働いて一日一〇kmも歩き、良く食べ、生命を燃やし、土と共に生きる人生

アイガモの話と前後するが、田植えは五月末か六月初め。それが終わると、田ではもう一つ大豆の種蒔きが待っている。また、野菜畑でも、カボチャの苗植えや葉物類の種蒔きなど仕事はエンドレスだ。

一日中、休む暇なく働き詰めだ。

「でも、百姓はこうやって働いているときが一番幸せなとき。労働は疲れるけど、辛いとは一度も思ったことはない」と井手は言う。

土と共に生きているのだ！　いつもそう感じている。

妻と並んで田の草取りをしながら、「楽しいねえ」「百姓してて良かったねえ」とよく言葉を交わす。前を行く息子の姿にも満足気。「熱中症に気をつけろよお」と声を掛ける。

家族一緒に健康で働けることをありがたいと思う。健康だから、元気で働ける。働いて、健康を維持する。七十七歳にして、自然の中に浸り、一日中、身体を動かし五kmも一〇kmも歩く。歩いて体力・筋力を鍛え、大食いした食べ物のカロリーはすべて燃焼させる。

腹が減る。昼飯が待ち遠しい。

一二時。家に帰って昼食。もちろんご飯だ。良く食べる。健康の証拠だと思う。昼食後、短い昼寝をする。三〇分で自然と目が覚め、午後の仕事に向う。パートさんたちとまた草取りだ。

夕方五時。アイガモに小屋の前から声を掛ける。彼らがさーっと帰ってきて小屋に入る。先を争い、重なるようにして餌をつつく。アイガモたちは食欲旺盛だ。小屋の戸を閉めて鍵を掛ける。

五時過ぎ。パートさんたちも終業。

六時。帰宅して夕ご飯だ。いまは夫婦と息子の家族三人。妻が田んぼから早く上がって美味しい料理を作ってくれている。感謝し、いろんな話をしながら、夕食だけはゆっくり食べる。

アルコールは？　一時期、高血圧や通風を患い、かなり長く晩酌を止めたこともあったが、いまでは休肝日を設けて缶ビールを一本飲む。

夜八時〜九時。まず経理簿をつける。日誌の走り書きもサボらない。コメや野菜の産直購入者などからの手紙を読んだり、返事を書いたり。また、種々の書類に目を通し、新聞や雑誌を読む。

月に一回は、二〇〇六（平成十八）年から書いて産直のお客さんに送っている「粋き活き農場便り」の原稿を書く。

一つ書き落とした。こうしたスケジュールの合間を縫って、身近に置いているタブレットでこれはという写真を撮り、一言のツブヤキを添えて発信する。「送信」のクリックを押すまでものの五分程度。ライブカメラを設置したとき手にしたタブレットを有効活用する早業を短期間でモノにしたのだ。五分と言っても、余裕があるときはじっくり時間をかけて、まとまりのあることを書いている。

夜九時。遅くとも一〇時には、眠気をこらえ仕事をクリアした後、就寝。床に入るなり、すとんと眠って熟睡する。

2　年々歳々、田よコメよ友よ

花見客で賑わう道路を脇目も振らず田んぼへ走る

井手の、一日の過ごし方を見たのに続き、次には一年の過ごし方を見ておこう。

年々歳々、と言う。来る年も来る年も同じように何かが行なわれることを意味する言葉だ。唐詩の一節「年々歳々　花相似　歳々年々　人不同」は良く知られている。

毎年、花は似たように咲くが、人は同じではない、という意味だ。つまり、花を見に来る人も同じではないし、人が成すことも同じではないと解釈できて、なかなか味わい深い。

井手の一年はどうか？　唐詩の一節を思いながら、「粋き活き農場便り」をひもといてみよう。便りがスタートした二〇〇六（平成十八）年から二〇一三（平成二十五）年までをダイジェストした、〝ドキュメント　井手の三六五日〟である――。

〈一月〉

「明けましておめでとうございます。例年にない大雪で、天候まで狂ってしまったかと思うほどですが、寒い季節は寒いほど良いと昔の人はいっています。私達農民も冬季に雪が多いと豊作だと信じています。今年も豊作になれよと祈る日々です。昨年は除草のパートさんを延べ八〇〇人も頼みました。アイガモにも頼っていますが、この部分の合理化のために良い除草機が造れないか開発を続けています」

(二〇〇六年一月一日)

「今年七十歳を迎えるのを記念して故郷・福岡の八女へ家内と二人、自家用車を運転して行ってきました。先祖のお墓参りをし、自分で植林した山の杉、檜も見回ってきました。旧友に会い、再会を喜び合い、沢山のエネルギーを吸収してきました。今年七十歳、あと二〇年、九十歳まで現役で頑張るぞ、と胸を張って宣言してきました。今年もますます美味しくエネルギーいっぱいのお米を育てます。皆様のご協力をお願い申し上げます」

(二〇〇七年一月十日)

「新しい年、世界的な不況の嵐で世の中の行き先は見えませんが、この苦境は人間の知恵で乗り切っていくしかありません。思えば戦後、食料も衣料もすべて不足する中を生き抜いてきました。いまの私は、食べ過ぎで成人病に悩まされている体たらく。ふんどしを締めなおさないといけません」

(二〇〇九年一月一日)

〈二月〉

「この時期、冬季の年中行事として、東京などで団体の総会やら研修会やらで勉強する機会がいっぱいあって、世の中の変化がわかります。有機農業推進法が制定され(二〇〇六年十二月)、国民の健康を守る国家の制度が一歩前進しました。私達有機農業者も生きやすくなって行くようです。業者の方に加えて今年から個人の方にも一九年産米の予約を受けたいと考えています。予約の方には希望の数量を確保するとともに、何か特典を考案中です。よろしくお願い申し上げます」

（二〇〇七年二月一日）

〈三月〉

「土作りが進んだ良好な条件は雑草にとっても良いわけで、すごいエネルギーで雑草が発生してきます。有機栽培を存続させるため私達農民は全知全能を投入して雑草の制圧に取り組んでいます。人間の知恵には限りがないと信じています」

（二〇〇六年三月一日）

〈四月〉

「春の農作業の始まりです。今年七十歳になる私が先頭に立って作業をしています。昨年の二月に見つかった頸椎（けいつい）の異常も食事療法と健康管理で農作業が可能なほどに回復し喜んでいます。作業時間が長くなり重労働が多くなると、おなかの脂肪もグンと減少し、もともと大食家の私もますます食欲が増して、玄米食と自家製味噌の味噌汁を楽しんでいます。元来、年寄りは食い力と食欲は健康の証しとされてきました。生命エネルギーの源は食物にあります。安全でおいしい物を沢山食べて元気に暮らしたいものです」

（二〇〇七年四月一日）

「東日本大震災にただ呆然としています。日本人が知恵と力を結集し復興を支援しないといけません。わが社も協力をおしまないつもりです」

（二〇一一年四月一日）

几帳面な字で埋められた「粋き活き農場便り」も 100 号近くなっている

〈五月〉

「異常気象の中で、忙しい毎日です。稲の苗たちは気候の変化を感じ取って、立派に健康に成長し続けています。私達人間も自分の感覚で自然の変化に対応する能力を身に付けることが必要だと感じさせられます。現在、十和田湖で鳥インフルエンザが発生し当局が対応に追われていますが、大潟村ではまだ問題はありません。アイガモへの影響が心配です。私は、鳥インフルエンザも狂牛病も、地球のどこで発生しても不思議はない状態にあると見ています。人間の経済優先主義が生んだもので、おかげで農業は大変です。最後の頼みは、発病しない抵抗力の強い体力をどう作るかだと思っています」

（二〇〇八年五月一日）

「米作りは苗半作といわれますが、それだけ苗作りは難しいです。種モミのケースをビニールハウスの中で保温し、発芽したら温度と水分を上手にコントロールしながら育てます。一切農薬は使わないので、大変な技術が必要です。稲作は一年に一作。三〇年間で三〇作、四〇年間で四〇作です。その積み重ねた経験を大事にしながら、毎年が勝負と思って苗作りをしています」

（二〇〇九年五月一日）

「稲の苗も順調に成育し、田植えの準備も着々と進んでいます。自然は一刻も休みなく進行し、作物もそれに従って生育しています。立派です。それに引き換え人様は、連休だと言って花見に大挙繰り出していて、お巡りさんが車の交通整理に大忙しです。私達はそれを横目に見て、農場通いです。ちっとも羨ましくはないですが」

（二〇一二年五月三日）

〈六月〉

「やっと五月二十八日に田植えが終わりました。仲間の皆さんより一〇日以上遅い田植えです。自家独自の栽培方法に自信をもって作業をしていますが、周りの風景とまったく違うのにはそれなりの勇気が必要です。でも、丈夫に育っている稲の苗たちは誇らし気です。十和田湖で発生した白鳥の鳥インフルエンザの問題がありますから、アイガモの放鳥を中止しています。害虫の発生に要注意です」

（二〇〇八年六月一日）

※鳥インフルエンザの影響で、この年はアイガモ農法は中止、そのことを八月一日号で報告している。

〈七月〉

「除草の最盛期を迎えて悪戦苦闘しています。有機栽培を始めて長い期間が過ぎると、雑草たちも絶好の生育環境ですから、あらゆる種類の草が発生します。今年は除草機を五回、一六ha×五＝八〇haにかけます。水田のぬかるみの中を除草機を押して、一日約五kmから一〇km歩きます。一方でパートの人たちが毎日一〇数名来て、四つんばいになって草を取っています。除草という手助けをしてやると、稲は自然の力を借りて、生命力あふれる米を作ってくれるのです。ここに有機米の価値があると、自らに言い聞かせています」

（二〇〇七年七月一日）

「大豆の発芽が少雨のため不良で、少しばかり発芽した分は根切り虫の大発生により全滅しました。播種（はしゅ）し直すつもりですが、今度は雨ばかりで、畑が乾かず播種作業が困難な状態です。七月十日が最後の刻限ですが、間に合うかと気をもんでいます」

（二〇一一年七月一日）

〈八月〉

「今年の異常気象にはほとほと参っています。雑草も害虫も気温に合わせて勝手に発生します。人間は暦に合わせて作業をしがちですが、これだと雑草や害虫とのタイミングがずれて思わぬ被害に遭います。ここは要注意です」

（二〇〇七年八月一日）

気象変動に対応し一年かけて作ったコメを収穫する最高の時間

〈九月〉

「あと一カ月ほどでお米の収穫です。今頃の稲の様子を見て回るのはなんとも気持ちの良いものです。しかし、病気が出たり、害虫にお米が食べられても、農薬をまくとかして助けてやれないのは辛いです。じっと我慢するしかありません。今年も自然乾燥を行ないます。そのための米はあきたこまちにしています。もちろん有機ＪＡＳ米です。ササニシキはアトピー対応米です。ご利用ください」

（二〇〇七年九月一日）

〈十月〉

「一年のうちで一番楽しい収穫の季節です。コメも野菜も果物も他の穀物もすべて少しずつ時間をずらして収穫していきます。一年間かけて育てた作物を収穫するのは本当に楽しいです。自然の恵みをいっぱい受けて育った作物が私達の生命を支える食糧です。感謝を込めていただきましょう。

今年の気候は平穏ではありませんでしたが、まあまあの収穫を得ることができました。お米は雨不足と高温でやや少な目、大豆は良好、野菜は平年作でした」

（二〇〇六年十月二日）

〈十一月〉

「十一月になり、また寒い冬がやってきます。地震、原発にも泣かされました。被災地の一日も早い復興を願っております。放射線についても自分達がもっている体力でもって切り抜けて行きたいものです。食べ物にも十分注意しましょう。農作業では大豆の収穫が十一月になります。皆様にお届けできるのは下旬からになります。玄米食に味噌汁がお勧めです。自分の身体は自分で守ることを心掛けましょう。

商品価格は次の通りです。

大豆　一kg四〇〇円　小豆（寿）一kg八〇〇円

味噌（有機原料、発芽玄米）一パック八〇〇g一〇〇〇円　五kg樽四千円、一〇kg樽八千円

有機米あきたこまち　白米五kg三五七〇円　玄米五kg三三〇八円

自然乾燥米コシヒカリ　白米五kg三七四〇円　玄米五kg三四七〇円

自然乾燥米アトピー対応ササニシキ　白米五kg三〇六〇円　玄米五kg二八四〇円

餅　白米　一パック（四〇〇g）四七三円　玄米一パック（四〇〇g）四七三円

梅干　一瓶（一kg）一七〇〇円

よろしくお願いします」

（二〇一一年十一月一日）

※現在の価格は一部違っているものもある。

〈十二月〉

「選挙やTPPといった大事が重なって騒々しいですが、考えることは、一生懸命努力する者が報われる社会であって欲しい、ということだけです。異常気象続きの今年でしたが、農作物の収穫も終わりに近づいて、そろそろ肩の荷を降ろせそうです。お米は異常天候の割には収量もよく、美味しいものが出来ました。私の座右の言葉、古代ギリシアのヒポクラテスが言った『汝の食物を医薬とせよ』をお互いしっかり噛み締めながら、新年を迎えましょう」（二〇一二年十二月三日）

土とともに、コメや野菜とともに、自然とともに生きる井手の三六五日……眠気の中で書いたとは思えない冴え渡った農場便りであり、言わせてもらえば、息遣いの伝わる生きた文！　人生観交じりの軽妙なエッセイ！　である。編集の都合で商品のPR部分を一部カットしたり、若干手直しした以外は原文のままであることを申し添える。

3　生涯現役、最後はピンピンコロリで

恩返し・前向き・向上心・元気・謙虚

「社会に恩返しをしたい」と井手は、心中深く思っている。口に出しても言う。大潟村で一農家として生きてこられたのは、幸運にも入植者の一人に選んでもらったのがスタートだった。その村は八五二億円という巨額の国費が投入されて出来たのだ。その恩恵を受けていまの自分があることを井手は片時も忘れたことはない。

四〇年経ち、この感謝の気持ちはコメ作りを支えてくれているものたち――家族や会社のスタッフ、田んぼやアイガモ、自然、そしてコメを買ってくれている顧客へと広がり深まっている。だから、社会に、周りのすべてに恩返しをしたいと井手は思う。

農場便りでも、「お客様と社会に対するご恩返しをするべく、今年も生命力の強い安全でおいしいお米作りに頑張ります」（二〇一〇年一月一日）などと、折に触れて書いている。

有機JASの認証事業を国の認可を得て行なう「特定非営利活動法人 日本有機農業生産団体中央会」の理事を長年、無報酬で務めていたり、「秋田県有機農業研究会」（日本有機農業研究会の県支部）のさまざまな仕事をボランティアで引き受けているのは、その気持ちの表れだ。

一方で、農家であることの誇りはずっと揺るがず持ち続けている。同時にまた、コメ作りの技を

満足せず慢心せず磨き続けている。

だから失敗しても挫けないし、異常気象などで被害を受けても、悪口を言われても、へこたれたことなど一度もない。

農業がひところ3K（きつい、きたない、格好悪い）と揶揄されたが、井手からすると、とんでもない偏見だし、農作業をきつい・つらいなどと思ったことなど一度もない。きたない・格好悪いとは、何ごとか！　農場便りで見たが、五月の農繁期、花見に興じる人たちを目にしても、羨ましいなどとは思わない、と淡々と言っている。

いつも前向きであり、向上心に溢れている。若いときからそうだった。モミ発芽玄米の特許を取得した際も、その発想力もそうであったが、沢山の難問をクリアした突破力でそのことを証明した。

そして、元気であり、気力に満ち溢れている。〝後期高齢〟にして、雪原に六ｍの鉄塔をひょいと建ててしまうパワーは、いったい何なのか？　七十七歳にして、ＷＥＢサイトを運営し、タブレットを片手に毎日、写真をアップロードする気力は、いったいどこから来るのか？　驚くほかない。

謙虚でもある。決して偉ぶらない。自分の農法に相当自信をもっているはずなのに、「農業の技術にはこれで完成というものはない」と自戒している。コメ作りの経験に関しては、三〇年やったって三〇回だけ、四〇年やったって四〇回だけに過ぎないとさらりと言うのだ。

九十歳まで生きてピンピンコロリが目標

老いてますます盛んである。

農場便りに見たが、七十歳を前に妻と一緒に、故郷・八女を車で訪ねている。「そのくらいが何ですか」。驚く向きをそう一蹴し、今でも九州だろうが東京だろうが、必要とあれば高速道路をさっと車で行ってしまう。

七十歳の八女旅行の際には、旧友に会い、「あと二〇年、九十歳まで現役で頑張るぞ、と胸を張って宣言した」と言うのだ。旧友たちもそう感じただろうが、人生というものをぱーっと明るくしてくれるではないか。

農場便りにも、二〇一三（平成二十五）年一月一日のメッセージとして「仕事を頑張って頑張って、死ぬ時はコロッと死ぬ事に決めました」と随分はっきりと書いた。ピンピンコロリの最期である。言葉に出して意志強く目標に向かう心づもりなのだ。

一〇二歳の日野原重明先生（聖路加国際病院名誉院長）のことを良く話題にする。日野原先生は知らぬ者なしのピンピンコロリ礼讃者である。井手の目線の先に、その年齢があると察するが、どうだろう。

4　農閑期に、世界の農業を見る

ドイツ農家の一味違う誇りと、ドイツの国造り哲学

井手は、有機農業に取り組むようになってから特に、農閑期に有機農業者の団体などが企画するツアーを利用するなどして欧米、中国、東南アジアなど各国の農業視察に出かけて見聞を広めている。また本を読んで勉強し、いろいろな情報も懸命に集めている。

インターネットで読める新着の論文なども極力読み、世界における日本の農業の位置、大潟村の位置、自分の位置を常に確かめるよう努めている。

EU（欧州連合）の各国では、有機無農薬農産物を求める国民の高い食意識を背景に、農家の環境型農業を目指そうという意識が、訪問のたびに各地で高まっていることを井手は実感している。

ドイツの有畜農家（乳牛などを飼い野菜や穀物も生産する農家）を何軒か訪ねた。みな家畜の排泄物を堆肥化する仕組みを作り上げ、それを軸にして、誇りをもって独自の有機無農薬農業を深化させていた。

誇りといえば、ドイツ中部の丘陵地帯でジャガイモを作る農家を訪ね、有機農業の説明を受けたときのこと、「オレの家は、ルネサンスのころから代々農業をしているんだ」と胸を張って話す農家がいた。これにはガツンと頭をなぐられた気がしたものだ。

ベルリンの市街地の真ん中には、大きな市民農園のような農園があった。二、三haはあろうかという広さで、東京の銀座にそんな市民農園があったらと想像し、眼を丸くして眺め回した。農園は美しく耕され、市民が野菜の手入れをしていたが、そうした農園をそうした場所に立地する設計思想に、都市作りや国造りの哲学を感じ、羨ましく思った。

食意識の高さが素敵なスイス

スイスでは、美しいアルプスの山々に魅せられた。

急峻な山岳地帯でも放牧が行なわれ、山肌が緑の牧草で覆われているのは、条件不利地域での牛の放牧に国の手厚い直接支払いの制度があるからだと、農家や行政を訪ねてすぐに分かった。美しい国土を守るために農家と農業の存在は欠かせない、と会う人ごとに力説され大いに共感した。

スイスはまた、山岳国で食料自給率がそれほど高くなく（カロリーベースで五六％）、そのため食料安全保障に対する国民の意識はとても高いようだ。パンの小麦は備蓄している古小麦から消費するのが国民の常識だという。

いろいろ調べると、スイスは法律で、事業者に対して主要な食料の備蓄を食品ごとに半年とか一〇カ月とか義務付けていることが分かり、合点が行った。

フランスとの国境近くのスイス人は美味しいパンが欲しくなったときは、フランスまでパンを買いに来る（スイスのパンは古小麦の時期があるから）、とこれはフランスでのスイス人評だったが、まんざら揶揄した言い方ではなさそう。スイス人の食料安全保障意識の高さを周りも知っているからではないかと井手は感じた。

古小麦といえば、日本なら古米である。八女時代には井手家でも周りの農家でもそれなりにコメの蓄えがあり、新米が穫れても必ず古米から先に食べていたことを井手は覚えている。

その習慣が消え失せたのは日本の高度成長時代であったか。そしていま、食料自給率はスイスどころではない、日本はわずか三九%なのに、新米と言えばみんながわっと飛びつき、廃棄食品は年間一七〇〇万tにも上る状態だという。

日本の堕落ぶりは揶揄や嘲笑を通り越し、重罪というしかない……そう思い、井手は忸怩(じくじ)たる気持ちになる。

第6章　農政の正念場を迎えて

「株式会社 大潟村カントリーエレベーター公社」
のカントリーエレベーター（同社「会社案内」より）

1　低空飛行の食料自給率

自給率は下がりっ放しという虚しい現実

世界における日本の農業の立ち位置は？　日本はいまどこにいるのだろう？　井手はいつもそれを考えている。

日本の位置を見る指標の一つは、食料自給率と言ってもいいだろう。「そこに国の決意や覚悟が見えるし、それが農政を決め、農政が自給率を決める基本になるから」と井手は言う。

世界の主な国の食料自給率を見てみよう。**図表6—1**を見ていただきたい。

日本のカロリーベースの食料自給率は、欧米先進国中で最低の三九％。異常に低く、ずっと低空飛行のままなのだ。

欧州各国は第二次世界大戦直後、どこも低かったが、手厚い農業保護政策が実り、自給率向上計画の有効性が特に話題になったイギリスやドイツなど各国が自給率を回復させた。

日本では、かつて一九九〇年代に新潟県水原町（町村合併で二〇〇四年から阿賀野市になった）が食料の町内一〇〇％自給計画を立案し、同じころ岐阜県も県内五〇％目標を立て話題になったが、特に水原町が稲作偏重から畜産や果樹へと耕地利用の分散化によって一〇〇％を目指そうとした（合併で腰折れしたが）手法を国は一顧だにしなかった。

「自給率三九％とは一体どういうことか。歴代政府は五〇％までの回復を目指すと言いながら、いっこうに結果を出せない。それどころか下がるばかりなのに、それを恥じもしない。それで食料安保だ、食料安保だと言うばかり。政治家にも官僚にも哲学がないのか、覚悟がないのか。〝NO政〟から早く目を覚ましてもらわないとなあ」
井手は呆れ顔で、そう切り捨てる。

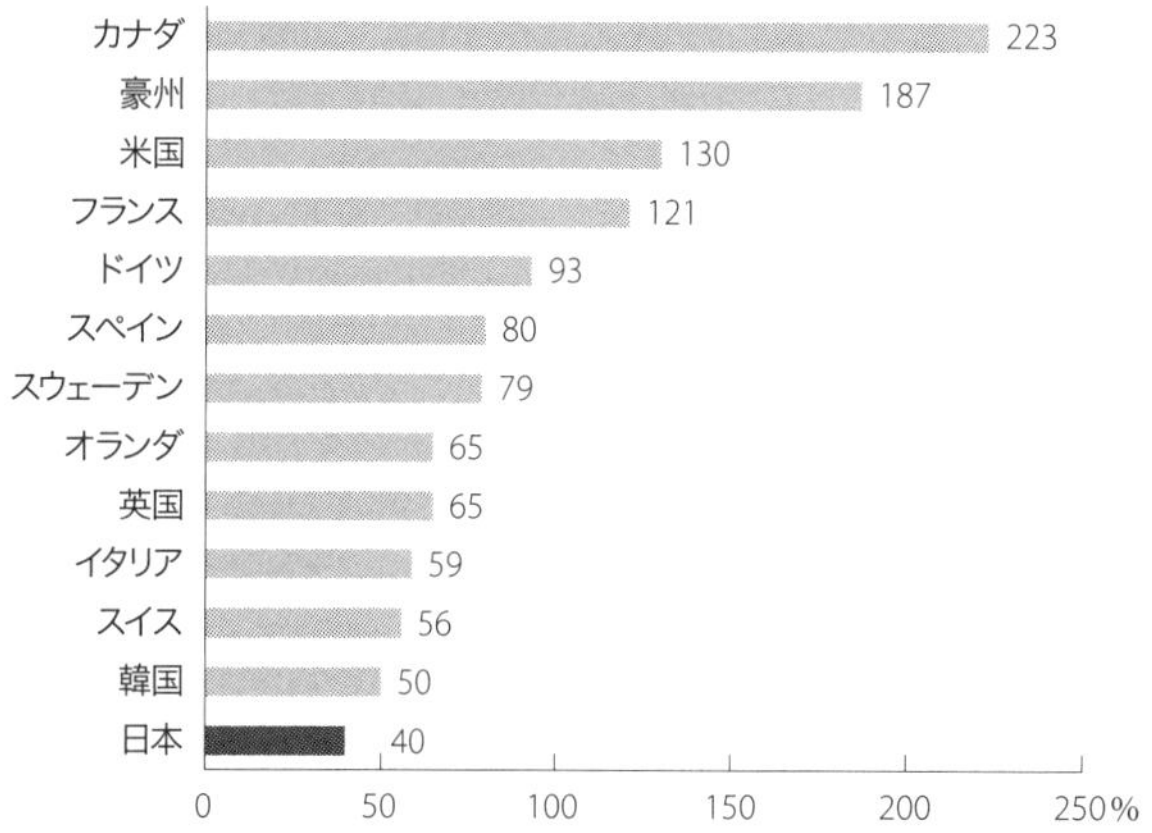

資料：農林水産省「食料需給表」、FAO「Food Balance Sheets」等を基に農林水産省で試算

注：尚、スイスは2010年52％、韓国は2010年49％、2011年40％、日本は2010〜12年39％となっている。

図表 6–1　諸外国の食料自給率（供給熱量ベース）（平成21（2009）年）

消費者の責任も大、国民運動も起きない能天気な国

水原町のケースはさておくとして、戦後、主食のコメが足りて国が生産調整を始める前の一九六〇年には七〇％あった自給率がここまで坂を転がり落ちてきた理由は何なのだろう？

それは経済のグローバル化と市場開放が進む中、ＧＡＴＴ（関税と貿易に関する一般協定）やそれを引き継いだＷＴＯ（世界貿易機関）交渉の結果、関税の引き下げや撤廃の合意が

次々と成立、それを背景に日本に外国の安い農産物や食品が輸入されるようになり、消費者が安い方を選択し、国内の生産が後退したというのが基本構図だろう。

もちろん、その中で国は補助金を出すなどして国内農業の保護を図ったが、消費者の国産品を消費しようという意識の低さもあり、保護策が不十分というしかない結果になっているのだ。

このところの小麦と大豆の自給率はそれぞれ一一%、六%とほぼ低位安定だし、一方でコメは七七八%（従価税の換算税率）という高関税に守られ、主食分はほぼ自給を維持しているという状態である。

要するに自給率は、一つは関税と大きく関係する。そのため各国とも基幹食料や基礎食品を中心に必要な関税率の確保に必死になる。

各国の関税率は……農林水産省大臣官房国際部貿易関税等チームのまとめ（平成二十六年六月）によると**図表6—2**の通りである。実際の貿易量を加味した「貿易加重平均」では、日本は一一・二%であり、アメリカやオーストラリアを除けばEUとも大差はない。主な農産物の税率は**図表6—3**の通りで、生鮮野菜の多くは三%である。「日本はすでに〝関税優等生〟だ」と言う専門家の声ももっともだろう。

それどころか大豆や飼料用トウモロコシは関税ゼロ。自給率に大きく影響するはずである。一旦ゼロにしたものを引き上げることは不可能という現実もある。〝関税優等生〟は食糧自給構想力の薄弱さの現われとも言えるだろう。

一国の食料自給率は関税から始まり、国内の農業保護のあり方、政治の姿勢、そして消費者行動

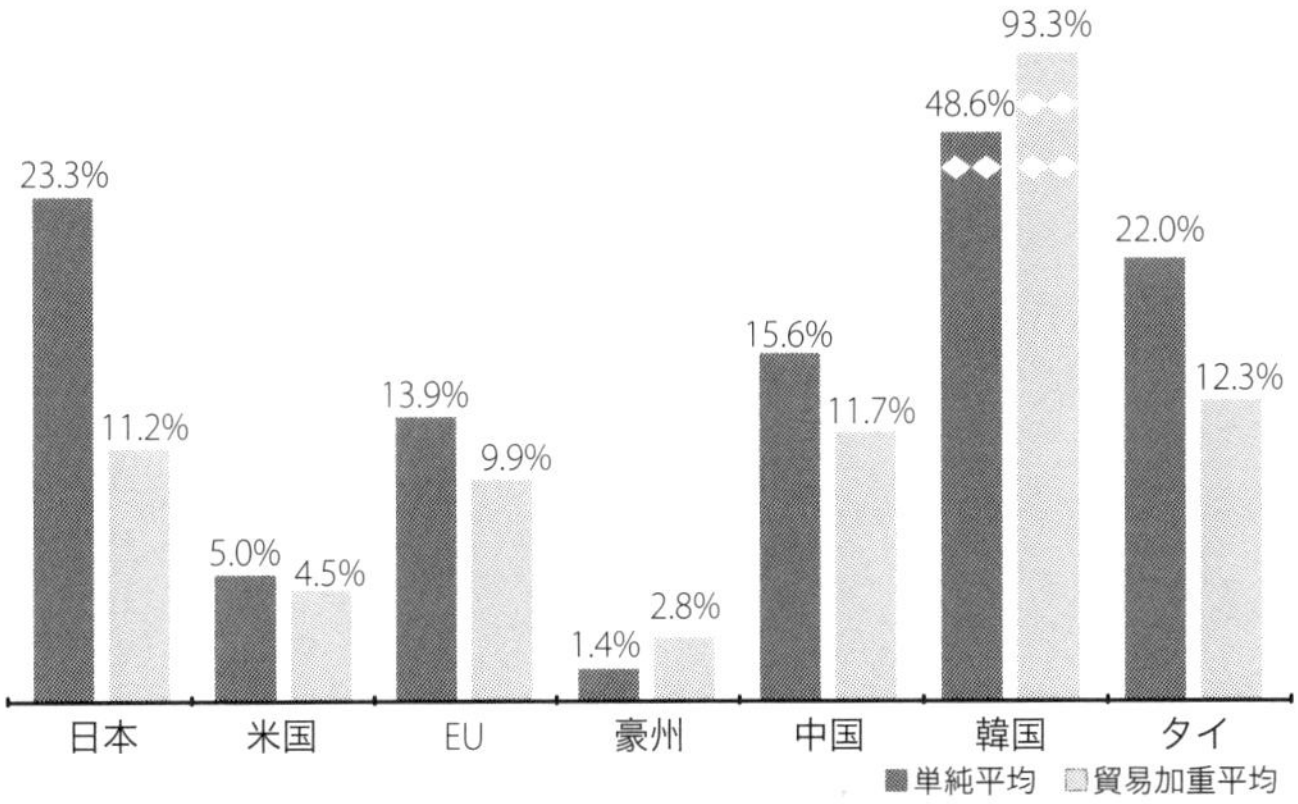

（出典）WTO "World Tariff Profiles 2012" 単純平均値は2011年度、貿易加重平均値は2010年度の値。

※上記は、WTO加盟国が実際に適用している関税率。二国間EPA／FTA締約国間における税率は反映しておらず、たとえば、韓国については、米国やEUとのFTAで大半の関税の撤廃（鉱工業品等については、最終的に全ての関税の撤廃）を約束している。

注1：単純平均関税率は実行税率の単純平均値。貿易加重平均関税率は実行税率を貿易量で加重した平均値。

注2：ウルグアイ・ラウンド妥結を受けた日本の農産品の単純平均関税率（譲許税率に基づく数値）は、OECD資料（1999年）によれば11.7%。但し、この数字は、1996年の時点で適切な輸入価格を設定することが困難で、従量税を従価税換算することができなかった品目等（例：コメ等）を除いて算出した平均値である。

図表 6–2　農産物の平均関税率

などと密接に関係している。

すなわち食料自給率は、いくつもの要因によって決まるのであり、国の食料政策を批判する井手は、「もう一人、消費者も能天気過ぎる。もっと実のある運動を消費者団体にやって欲しい」とズバリ言う。

そして続ける。「消費者庁が出来たんだけれど、消費者被害の対応に偏っている印象が強い。食料自給率向上の国民運動を主導するような前向きの行政を期待したい。そして最後はやっぱり消費者。自分たちの食べ物は可能な限り国内で生産する国造りをする、という価値観を持って欲しい」。

品　　目	実行税率
豚肉（部分肉）	CIF価格≦64.53円/kg：482円/kg 84.53円/kg＜CIF価格≦524円kg：(546.53円—CIF価格)/kg 524円/kg＜CIF価格：4.3%
鶏肉	8.5%、11.9%
鶏卵	8%～21.3%
丸太（桐以外）、木材チップ	無税
製材	無税、4.8%、6%
合板	6%、8.5%、10%
えび（活・生鮮・冷蔵・冷凍）	1%
かつお・まぐろ類、さけ・ます（生鮮・冷蔵・冷凍）	3.5%
ぶり、いわし、あじ、さば、たら、帆立貝（生・冷・凍）【注10】	10%

注1．表中の品目は、輸入額1千億円以上の農林水産物に加え、原則として「関税率10%以上、かつ国内産出額1百億円以上」の農水産物を選定。

注2．「※」を記載した枠外税率は、関税と政府又はその代行機関が別途徴収する納付金又は売買差額の合計。（なお、当該品目の枠内輸入（国家貿易）については、政府又はその代行機関が一定額までの輸入差益を徴収することが可能。）

注3．「※※」を記載した税率は、関税と政府代行機関が別途徴収する調整金との合計の上限。

注4．「※※※」を記載した税率で枠内輸入を行なう場合、政府代行機関が一定額までの調整金を徴収することが可能。

注5．「※※※※」を記載した税率で枠内輸入を行なうもののうちコーンスターチ製造用のものについては、政府代行機関が一定額までの調整金を徴収することが可能。

注6．生鮮野菜の多くは関税率が3%である（例：トマト、ねぎ、きゅうり、ほうれんそう、キャベツ、だいこん、なす、レタス、にんじん等）。

注7．たまねぎ（生鮮）の税率は、実行関税率表上のものであり、実際には、CIF価格が67.93円/kg以下のものに8.5%の関税が、67.93円/kg超73.70円/kg以下のものに（73.70円－CIF価格）/kgの関税がそれぞれ課される。

注8．CIF価格とは、輸入貨物の価格に輸入港までの運賃、保険料を加えた価格である。

注9．原則として、同一品目の中で複数の税表細分がある場合は代表的なラインの関税率を記載。

注10．冷凍さば（スコムベル・スコムブルス、スコムベル・アウストララシクス、スコムベル・ヤポニクス）の関税率は7%、冷凍たらの関税率は6%である。

（出典）農水省大臣官房国際部貿易関税等チームまとめ（平成26年6月）

図表6–3　主要農林水産物の関税率

品　　目	実行税率
大豆、コーヒー豆（生豆）、菜種	無税
米	枠内：無税、枠外：341円 /kg（※）
小麦	枠内：無税、枠外：55円 /kg（※）
大麦	枠内：無税、枠外：39円 /kg（※）
粗糖	71.80円 /kg（※※）
精製糖	103.10円 /kg（※※）
雑豆（えんどう、小豆、いんげん豆、そら豆等）	枠内；10%、枠外：354円 /kg
落花生	枠内：10%、枠外：617円 /kg
ばれいしょでん粉等	枠内：無税（※※※）又は25%、枠外：119円 /kg
こんにゃく芋	枠内：40%、枠外：2,796円 /kg
緑茶	17%
とうもろこし（飼料用のもの（税関の監督の下で飼料の原料として使用するものに限る。）	無税
とうもろこし(コーンスターチ製造用等)	枠内：無税（※※※※)/3%、枠外：50% 又は12円 /kg のうちいずれか高い税率
生鮮野菜（一部品目を除く）【注6】	3%
たまねぎ（生鮮）【注7】	CIF 価格≦67円 /kg：8.5% 67円 /kg ＜ CIF 価格≦73.70円 /kg：(73.70円－ CIF 価格)/kg 73.70円 /kg ＜ CIF 価格：無税
冷凍野菜	6% ～ 12%
トマトジュース(無糖)、トマトケチャップ	21.3%
みかん（生鮮）	17%
オレンジ（生鮮）	16%（6/1—11/30）、32%（12/1—翌年5/31）
オレンジジュース	「21.3%」～「29.8% 又は23円 /g のうちいずれか高い税率
りんご（生鮮）	17%
りんごジュース	「19.1%」～「34% 又は23円 /g のうちいずれか高い税率」
バター	枠内：35%、枠外：29.8% ＋985円 /kg（※）
脱脂粉乳	枠内：25%、枠外：21.3% ＋396円 /kg（※）
ナチュラルチーズ(プロセスチーズ原料用)	枠内：無税、枠外：29.8%
牛肉	38.5%

2　スイス、アメリカ、ＥＵの農業政策

国民の圧倒的支持により農業の多面的機能に対し直接支払いをするスイス

世界の国々の農政はどう進んでいるのだろう？

井手が注目している世界における「コメ・農業の日本の立ち位置」を把握するために、スイス、アメリカ、ＥＵの農業政策を、専門家に聞いて概観することにしよう。

民間シンクタンクの一つ「株式会社農林中金総合研究所」基礎研究部部長代理の平澤明彦さん（博士（農学））に聞いた。

エキサイティングな情報が沢山ありますれば、読者のみなさん、しばしお付き合いを。

まずは、スイスから見る。

スイスはＥＵには非加盟で、古くから独自の農業政策を行なっている。一九九六年の憲法改正により、農業の多面的機能の維持を農業政策の目的と位置づけ、環境への配慮を要件とする「直接支払い」を主要な施策として農業経営の支援を行なうことが定められた。国民投票で七七・六％という多数の賛成を得ての憲法改正だった。

スイスアルプスの山々は国民の大切な財産である、その急峻な山岳地帯で美しい放牧地を維持する酪農などを営む「条件不利地域」に対しては、条件不利の程度に応じた「直接支払い」の制度に

よって〈農業を守る〉〈国土を守る〉という国民の意思表示だったのだ。

直接支払いは、農業の多面的機能の維持に貢献することが絶対的な要件で、所得水準の保証を目的とする支払いは廃止する方向で縮小しつつ移行措置を導入し、最近では別途、「(食料)供給保障支払い」として目的を明確化した支払いを行なっている。

スイスはEU非加盟でも、WTO(本部:スイス・ジュネーブ)の加盟国である。

農産物の関税は引き下げているが、時期に応じて関税率を変えるキメ細かな国境措置によって野菜や果物などの国内農産物を保護している。また、山岳の傾斜地の傾斜度に応じ飼育する乳牛の頭数に対する「直接支払い」は二〇一三年で廃止され、牛や羊などの放牧地に対する面積支払いに変更されたが、直接支払いの制度は厳然と保持している。

なぜ農業に補助金を出すの? という意見がどこの世界にもある。補助金の趣旨は、スイスのように食料安保や環境保護といった農業の多面的機能に重きを置いたり、他産業よりも弱い農業の経営体力を補う狙いであったりと、国によって少しずつ違う。ただ、アメリカでもEUでも、また他の多くの国々でも、農業補助金=直接支払いは制度として必要だとして設けているのが実情である。

アメリカは所得支持を明確な目的とする直接支払いを法律で規定

次に、アメリカはどうか?

簡単に言えば、運転資金の融資や輸出促進などが目的のローン・レート=融資単価という名の穀物ごとの「支持価格」を一階部分として基盤に据え、二階部分、三階部分をもつ手厚い「直接支払い」制度を、原則五年ごとに改訂する「農業法」で規定してきた。これが基本だ。

二階部分の主要な「不足払い」を創設したり廃止したり復活させたりと、中身は行きつ戻りつだが、最新のものは「二〇一四年農業法」（同年一月制定。次回改定は二〇一九年の予定）である。

一階部分の「ローン・レート」とはどういうものか。ローン・レートは長い歴史をもち、一九三三年に設立された「商品信用公社」（Commodity Credit Corporation = CCC）と一体となって機能する仕組みだ。

その仕組みはこうだ。農家がコメ・麦・大豆などの穀物や綿花などを生産すると、コメであれば（以下、すべてコメを例に取る）、農家はモミをCCCに担保として差し出し、ローン・レート＝融資単価で運転資金を融資してもらうことが出来る。融資してもらった後、農家は、コメの市場相場を見ながら相場がローン・レートより高くなったとき担保を解消して売り、ローン・レートとの差額を自分の儲けとする。そのとき融資額は利子ともども返済すればいいわけだ。担保のモミは場合によっては〝質流し〟にしても良い。その額で売ったことにするわけだ。これがCCCの融資面の役割である。

ローン・レートはこの項の冒頭に書いたように、穀物の輸出政策のためのものでもあり、農家は輸出を有利に実行するため、このローン・レートより安くコメを売った場合は、その差額を国から補填してもらうことが出来る。質流しにした場合も同様だ。ローン・レート制度はここがミソだ。これを「融資不足払い」という。これが直接支払いの一階部分である。

次に二階部分とは何か。農家はAコース＝「目標価格不足払い」か、Bコース＝「収入均し払い」

のどちらかを選び、原則五年の時限法の「農業法」の次の改訂まで、選択したコースの下で国から直接支払いを受ける。

Aは、農家が、国が設定する「目標価格」より安くコメを売った場合、その差額を国から補填してもらう。Bは、当年のコメの収入(価格×単収)が過去の直近複数年の平均より低くなった場合は、その差額を国から補填してもらう、というもの。AかBかの選択は市場価格の先行きなどをどう読むか、農家の判断による。

三階部分とは、農産物ごとに一律に直接支払いがなされる「固定支払い」のことであるが、「二〇一四年農業法」により同年一月限りで廃止された。穀物類の市場価格がこのところずっと高値で推移した結果、黒字の農家に補助金を出すことに対する反発が強まったことなどが理由だった。

一、二、三階部分すべてが国による直接支払いということになるが、これと別枠で一九九〇年代後半に導入された「収入保険」制度がある。

収入保険とは、農産物の販売収入(価格×単収)が減った場合の保険制度だ。穀物など対象品目ごとに、農家は保険のタイプを選んで自由に加入する。保険に加入すれば、収穫期の販売額が作付期の「基準額」より下回った場合、その差額を保険金として受け取れる。基準額は、当該作物の作付け時における「先物価格×単収の平年値」で定められる。農家は保険料を支払うが、農家の支払いとマッチングして、国も保険料の一定割合を支出して補助する。ここがミソである。農家は、保険料(保険金)の違うどのコースを選ぶか、また先物価格による基準額をどう読むかなど、ここでも個々の判断が重要になる。

直接支払いの対象品目はコメ、麦、トウモロコシ、豆類、綿花、落花生など。収入保険の対象も基本的にはそれとほぼ重なっているが、近年、他の農産物にも広がっている。

公平かつ透明性のある直接支払い制度で国家間の予算再分配も決めたEU

EUはどうか？

EUでも直接支払いは、市場競争力を強めるため「支持価格」を引き下げ、販売価格との差額を補填するものとして所得支持を目的に導入された。

一九九二年以降は「共通農業政策」（CAP）の改革の下にある。九二年CAP改革は、品目別（対象は穀物、油糧種子、蛋白作物、牛肉）の直接支払いであった。続いて九九年CAP改革では、支持価格引下げと直接支払いの上積みが、対象品目を酪農などへ拡大しながら進展し、二〇〇三年CAP改革では、「品目横断型の単一支払い」へ移行した。

続いて二〇〇八年CAP改革を経て、二〇一二年までに対象品目が野菜や果物などを含むほぼ全品目の「品目横断単一支払い」制度となった。

改革の段階ごとに、多面的機能への対応を強化しつつ、農業生産から切り離された直接支払いによる所得支持政策（デカップリング政策）及び、市場介入を伴う支持価格の引き下げと、品目によらない直接支払いによって市場に合わせて生産する方向を目指して進んだ。

品目横断型の単一支払いなどがアメリカと違う点だが、このシステムはどの作物を作りどの作物を作らないかの決定が、市場の農家に任される効果を生んでいる、と評価される。それが制度の活力を生んでいるとも言えるだろう。

ついでに言えば、アメリカとＥＵの「支持価格」制度は、支持価格の引き下げによって輸出が増加し、ついには国内需給が引き締まり、国内価格を下支えする効果も期待できるとされている。

続く改革は、二〇一三年改革である。改革はＥＵのすべての農家に平等で公平であることを重視し、単一支払いから一段と深みのある多彩な内容になった。

その主なものは、より環境に優しい直接支払い制度にするための規定の厳格化だ。これをグリーニング（greening）と呼び、その条件として草地の永年維持、栽培作物の多様化、環境重点用地の保護などを挙げ、これらを直接支払いの受給条件とした。

同時に単一支払いを目的別の支払いに分化した。それは、再分配支払い（中小規模農家への手厚い追加支払い）、自然制約地支払い（従来の条件不利地域支払い）、青年農業者支払い、小規模農業者向けの簡素な代替支払いなどである。また、直接支払いと農業振興政策の両財源をどちらへでも移転できるよう双方向主義とするなど非常にキメ細かいものになった。

驚くべきは、ＥＵ加盟国間の不平等を緩和するため、国別に決める直接支払いの予算にまで手を伸ばし、平均面積単価の格差を減らして直接支払いの予算を高い国から低い国へ〝再分配〟する処置をし、かつ直接支払いの内訳や運用に関する加盟国の裁量を拡大したことだ。新規加盟した中東欧の国々のための政策である。

以上の改訂は、広範な利害関係者の意見を聞き、各国の農業大臣による「理事会」と直接選挙による「欧州議会」が決定したものである。CAP（Common Agricultural Policy）は、各国にとって「条約」に次いで拘束力の強いものであり、決定は極めて重い。詳細は各国がそれぞれ法律で決めることになるとは言え、骨格部分は確定しているのだ。

二〇一三年改革は、予算も含めて、二〇一四年から二〇二〇年までのものということも注目しなければならない点だろう。

もう一つ、直接支払いは国民に向かって透明性が確保されていることが重要だ。EUではこの点に関しても先進的で、農家補助金をチェックするWEBサイト（http://www.farmsubsidy.org）があり、補助金支払いの状況がレポートされている。二〇〇八年CAP改革以前には農家の個人名と受給額も公開されていたが、個人情報の問題でその後、公開内容が後退。しかし二〇一三年改革を機に揺り戻しの動きが出るだろうとも言われており、どこまで戻るかが注目される。

3　日本の農業の立ち位置

条件不利地域も抱え、家族農業かつ中小規模農業が特徴の日本の農業

欧米の農業政策の要点を見た。では、日本はどうか？

まず、日本の農業の現状を農水省発行の『食糧・農業・農村白書　平成二十五年度版』（以下『白書』と省略）などによって見ていこう。

耕地面積は二〇一二年で約四五五万ha。うち水田が約二四七万ha、畑は約二〇八万ha。コメの作付け面積は二〇一一年で一五七万ha、生産量は八五七万t。この数年は面積・生産量ともおおむねそのあたりの数字だ。

農家総数は二〇一〇年で二五二万戸、販売農家が一六一万戸で、専業農家が四五万戸。農業就業人口は二〇一二年で約二五一万人、基幹的従事者は約一七七万人。農業従事者のうち六十五歳以上の人が約六割を占める。

日本の農業を特徴付ける「中山間地」を抜き出して見るとどうなるか?

農水省定義による〝平野の外縁部より山間地〟を指す「中山間地」は、国土面積の七三%に上り、耕地面積の四〇%を占める。

また農家数の四四%、農業集落数の五二%、農業産出額の三五%を占める。

もう一点、別な面を見てみると、農家一戸当たりの耕地面積は二〇一一年、全国平均は二・〇二ha（一定規模以上の販売農家の場合。うち北海道は二二・三四ha）である。一一年前の二〇〇〇年は一・六〇ha（北海道は一八・六八ha）だったので少し増え、今もその傾向にある。しかし、家族経営かつ小規模農業という構造にまだ基本的な変化はない。

反面、様々な要因による耕作放棄地は年々増えており、二〇一〇年で約四〇万haに上っている。

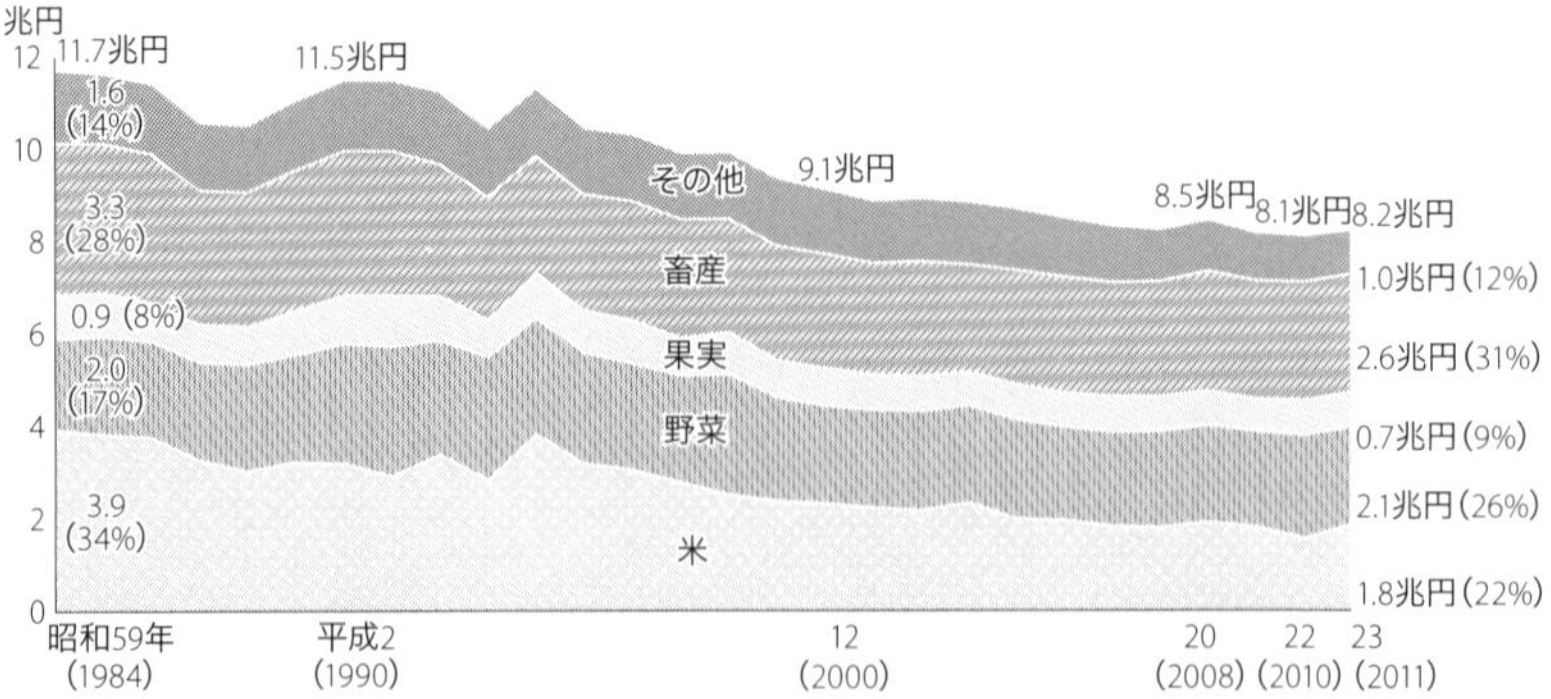

資料:農林水産省「生産農業所得統計」
注:その他は、麦類、雑穀、豆類、いも類、花き、工芸作物、その他作物、加工農産物の計。

図表6–4　農業総産出額の推移

日本の一戸当たりの耕地面積二・〇二haというのは、ざっとEUの七分の一、フランスの二五分の一、アメリカの八五分の一、オーストラリアの一五〇〇分の一。

農業総算出額はどうか。**図表6—4**の通りで、二〇一一年は八・二兆円だった。一九八四年、一九九〇年には一一兆円台だったが、そこからほぼ右肩下がりである。

一戸平均の農業所得は、二〇一一年で約一二〇万円、農外所得が約一六〇万円となっている。

コメについて収入を手元で概算すると、平野部一haで稲作をする人の場合、一〇aで仮に一〇俵取れたとして一haで一〇〇俵、一俵を一万五千円で売ったとすれば収入は一五〇万円となる。その一〇倍を耕作する人の場合は一五〇〇万円という計算だ。

以上を俯瞰すると、日本の農業は家族経営かつ中小規模経営の農家が主で、多くが兼業農家であり、担い手が高齢化し、後継者問題を抱えていることが分かる。

耕地の約四割を占める中山間地は多くが高齢農家によって耕作されており、そのことも日本の農業の大きな特徴である。

その中山間地は、耕作条件が悪いため生産性の低い条件不利地域であり、規模拡大をするにしても地形的に容易に進まないという構造的問題を抱えている。

しかし、留意したいのは、中山間地こそ国土の保全、生態系や自然景観の保持という大切な役割を果たしており、農業のもつ多面的機能を担う地域として重視されなければならない点である。だから、〝この部分〟を経済的な指標だけで見てはいけないし、農業の持つ多面的機能に着目すれば平地の農業も同じことであり、農業総産出額が他産業と比べて小さいからといって、農業の価値を過小に見るのは間違いである。日本の大規模経営農家である井手もそのことを重々承知し、それを踏まえた「自分の農業観」を作り上げている。

国家予算を見よう。当初予算で二〇一三年は約九二兆六〇〇〇億円、うち農林水産予算は二兆二九〇〇億円。二〇一四年は約九五兆八八〇〇億円、うち農林水産予算は約二兆三二〇〇億円である。『白書』には、国が経営規模拡大や担い手育成、耕作放棄地対策など沢山の重要課題に対し、どのように農政を進めているか、またどこを目指しているかが丁寧に書かれている。しかし、年々の『白書』を見ていて、これといった成果を上げている政策は見つからないのも事実だ。

五年先の減反廃止を含む農政改革案が打ち上げられた

日本の農政はどう展開してきて、いまどこにいるのだろう？

欧米は農業全体を見たが、日本の農政は日本人の主食コメを中心に回ってきたので、コメ政策を軸に見て行くことにする。

戦後の食料難の時代を経てコメの増産が達成され、ついにはコメ余りとなり、一九七〇（昭和四十五）年から、政府は生産調整による「減反政策」に踏み切った。そして減反による所得の減少を補填し、産地作りなども目的にした補助金が、減反参加者に「直接支払い」として交付された。

二〇〇九（平成二十一）年八月の総選挙で民主党が自民党を破って政権に就いた。民主党・鳩山首相は一〇年度から選挙公約通り、農家への「戸別所得補償」を開始、減反参加者に対し耕作地一〇a当たり固定費として一律一万五千円（別途、変動部分補償もあった）を交付した。一一年度、一二年度も交付は同じ仕組みだった。

一三年度はどうだったか？　一二年十二月、政権復帰で登場した自民党・安倍首相は、一三年度、戸別所得補償を「経営所得安定対策」と名称を変え、基本的に同じ仕組みで交付した。

では、今後はどうなるのか？　安倍首相は二〇一三年十一月、生産調整を五年後に打ち切る、つまり減反政策を二〇一八（平成三十）年度をもって止めることを中心とした改革案を発表した（**図表6—5**）。

改革案の骨子を見ておこう。

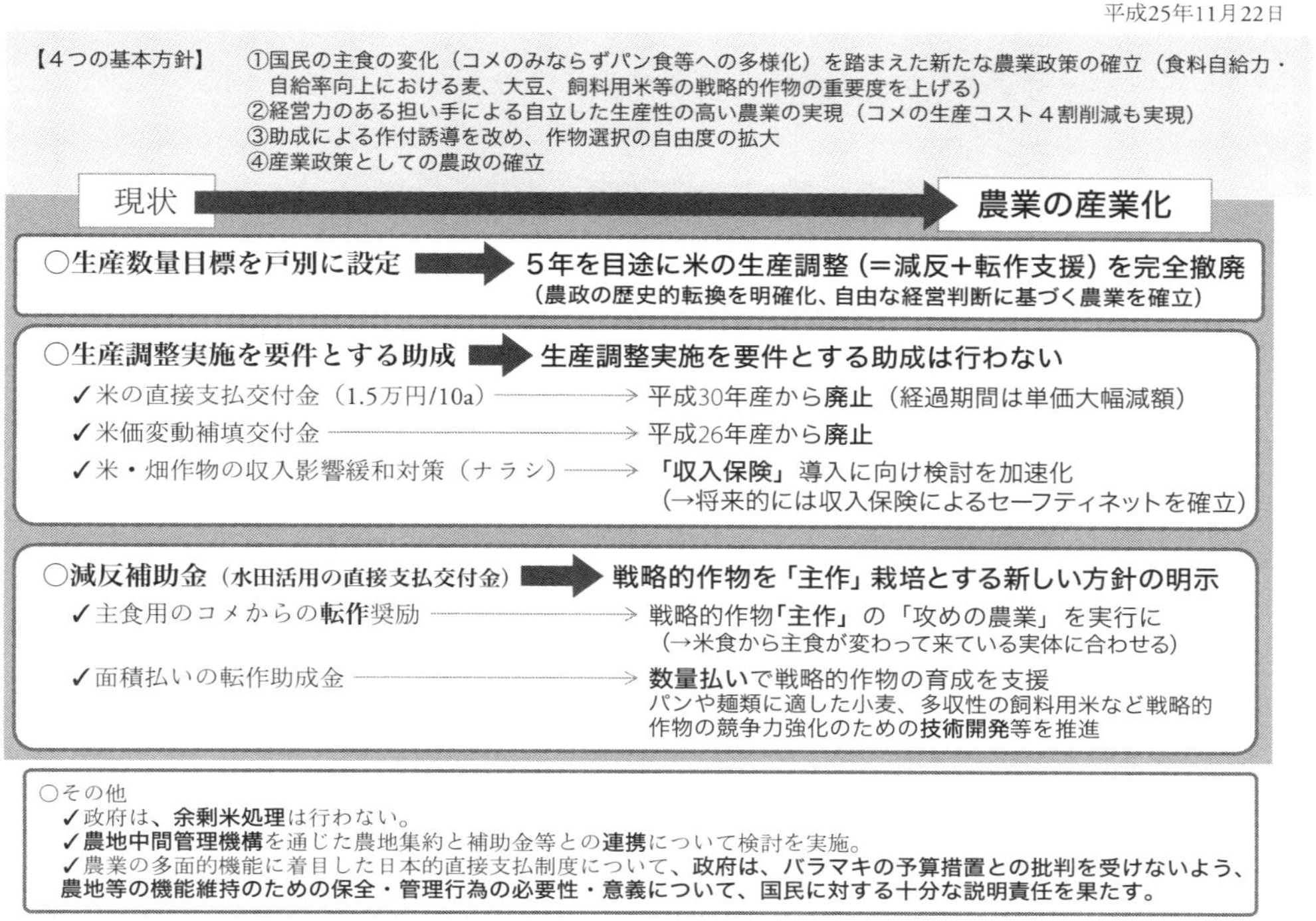

平成25年11月22日
【４つの基本方針】
①国民の主食の変化（コメのみならずパン食等への多様化）を踏まえた新たな農業政策の確立（食料自給力・自給率向上における麦、大豆、飼料用米等の戦略的作物の重要度を上げる）
②経営力のある担い手による自立した生産性の高い農業の実現（コメの生産コスト４割削減も実現）
③助成による作付誘導を改め、作物選択の自由度の拡大
④産業政策としての農政の確立
現状
農業の産業化
○生産数量目標を戸別に設定
５年を目途に米の生産調整（＝減反＋転作支援）を完全撤廃
（農政の歴史的転換を明確化、自由な経営判断に基づく農業を確立）
○生産調整実施を要件とする助成
生産調整実施を要件とする助成は行わない
✓米の直接支払交付金（1.5万円/10a）
平成30年産から廃止（経過期間は単価大幅減額）
✓米価変動補填交付金
平成26年産から廃止
✓米・畑作物の収入影響緩和対策（ナラシ）
「収入保険」導入に向け検討を加速化
（→将来的には収入保険によるセーフティネットを確立）
○減反補助金（水田活用の直接支払交付金）
戦略的作物を「主作」栽培とする新しい方針の明示
✓主食用のコメからの転作奨励
戦略的作物「主作」の「攻めの農業」を実行に
（→米食から主食が変わって来ている実体に合わせる）
✓面積払いの転作助成金
数量払いで戦略的作物の育成を支援
パンや麺類に適した小麦、多収性の飼料用米など戦略的作物の競争力強化のための技術開発等を推進
○その他
✓政府は、余剰米処理は行わない。
✓農地中間管理機構を通じた農地集約と補助金等との連携について検討を実施。
✓農業の多面的機能に着目した日本的直接支払制度について、政府は、バラマキの予算措置との批判を受けないよう、農地等の機能維持のための保全・管理行為の必要性・意義について、国民に対する十分な説明責任を果たす。

図表 6–5　政府発表の農業基本政策の抜本改革

①コメの生産調整を五年後に廃止する。これは現行の、国が全国の生産目標量を決め、生産者の選択制によって実行している減反制度を、五年後の二〇一八年度で廃止するというもの。以後は、国は需給見通しを立てるだけで、コメは生産者が自由に作るという態勢になる。

②生産調整に伴う減反補助金を、一四年度は現行の半分とする。すなわち一三年度までの交付金一〇a当たり一五〇〇〇円は一四年度から七五〇〇円となる。そして一八年度で打ち切る。

③コメの販売価格が「標準価格」を下回った際に減収分を補填する制度の「米価変動交付金」を一四年度から廃止する。

④食糧自給率の向上などの目的で制度化されている「飼料用米・米粉用米」に対する助成金を、十四年度から単収に応じて助成金が増加する仕組みとし、従来の支払額一〇a当たり八万円を、最大一〇・五万円に引き上げる。

⑤日本型直接支払い制度を創設する。これは農業・農村のもつ多面的機能の維持に対する支払いで、地域内の農業者が共同で取り組む地域活動（農地維持や資源向上）に対して助成金を支払うというもの。水田は都府県が一〇a当たり五四〇〇円、北海道が四二二〇円などとして検討されている。

⑥「農地中間管理機構」を設け、農地利用調整の主体を市町村から「機構」に移し、公募による農外企業の参入も含め、農地の集積を促進する。

⑦「収入保険」の新設を検討している、収入保険は、基金のような機構を作り、農家が保険料のような形でお金を積み上げ、国もお金を出して助成し、例えば何年間かの平均基準値よりコメの値

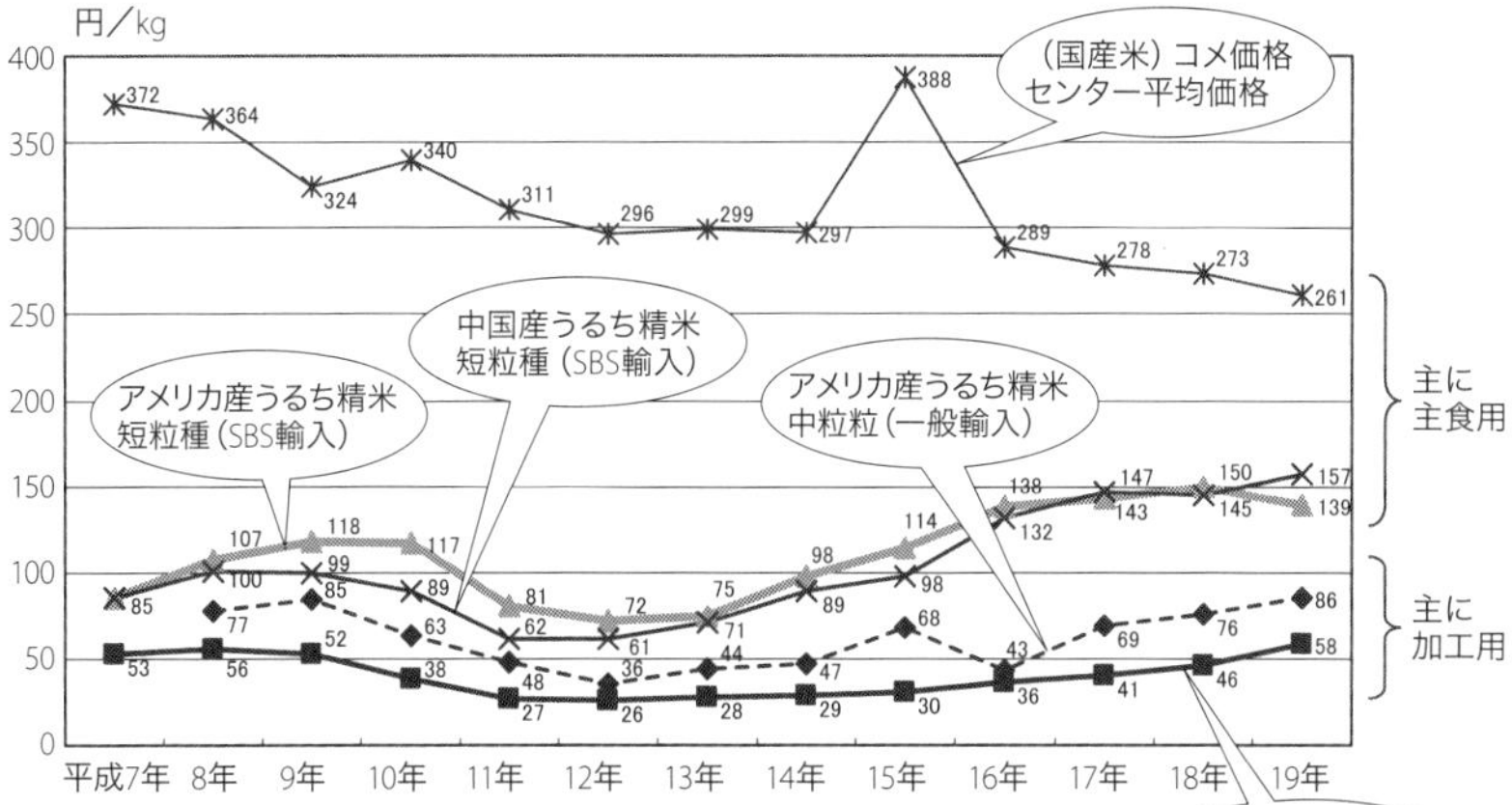

注1：一般輸入の価格は政府買入委託契約価格であり、港湾諸経費は含んでいない。（加重平均価格）
注2：SBS輸入の価格は政府買入価格であり、港湾諸経費を含む。（加重平均価格）
注3：コメ価格センター平均価格は、消費税等を含まないものであり、玄米の価格を精米換算したもの。（加重平均価格）

（※輸出国の国内価格は、輸入価格より更に低い水準です。（例えば、中国産うるち精米短粒種（SBS輸入）の輸入価格は、平成19年には150円／kg以上まで上昇しましたが、中国の国内卸売価格は50円／kg以下の水準で推移しています。））

出典：農水省ホームページ「ミニマム・アクセス米に関する報告書」（平成21年3月31日）

図表6–6　MA米（主な種類）の輸入価格

段が下がったら、その分を補填する、という制度のようだ。

政府の狙いは、減反を止めることで市場がコメの需給バランスを決めることになり（直後はいくらか生産過剰になってもいずれ落ち着き）、その結果、コメの価格が下がり、コメを作る栽培規模の小さい農家がコメ作りを止め、それに伴い農家の経営規模拡大が進み、農家の体力・経営力強化につながる――というものだ。

コメの値段は、「食糧管理法」廃止（一九九四年）以来、趨勢的にはずっと低落傾向にあるが、国際価格とは、**図表6―6**のようにまだかなり開きがあるものの、減反廃止はその差を縮めるだろうというのが、政府・農水省のもう一つの読みだ。

また政府は明言しないが、TPP（環太平洋経済連携協定）交渉がどう決着しようとも、減反廃止はTPP対応の一つであることも間違いない。つまり日本ではいまコメは、ミニマム・アクセス（MA。一六三頁に詳細）での輸入か高関税七七八％（換算税率）での輸入に限られているが、交渉結果次第で輸入のハードルが下がり主食米の輸入量が増えれば、すでに四割以上の水田で減反している中での一段の生産調整は無理、それなら先に手を打とうというわけだろう。

生産調整廃止決定でコメの価格下落が心配な日本の先の見えないコメ政策

減反とその補助金の廃止によって農政を大転換しようとしているのに、改革案の中身は減反廃止以外はまだはっきり見えず、どこまで芯の通った改革になるか心配だ。日本の農業政策はEUなどに比べ何周も遅れているという印象は拭えず、大きな疑問符付きである。

日本でも直接支払いという制度がすべてなくなるわけではなさそうだが、直接支払いとして農家収入の確かな足元となっていた減反補助金をいきなり捨てて大丈夫なのか？　主食コメの価格の値下がりの歯止めがまったくない状態でコメの将来は大丈夫なのか？　さらに「食糧管理法」の廃止（一九九四年）によって「支持価格」システムを捨て去ったのは、日本の農政のアキレス腱になるのではないか？　といった危機感が広がっている。

今度こそ不退転の決意で臨んで欲しい農政改革は、時代に合い、農家が安心でき、国民も納得するものでなければならない。

井手は言う。「減反をどうするかというのは目前の問題の一つに過ぎない。もちろんコメだけの問題でもない。日本の農業を国の根幹に位置づける将来構想を堂々と示して欲しい。特にEUは参考にして欲しいし、負けるな、と言いたいね」。

関税なしのMA輸入米と国産米を比較、彼我の米価には大差がある

さて、では日本のコメは外国米と比べて、値段にどのくらいの差があるのだろうか?

日本のコメは、コメ輸出国のアメリカ、オーストラリア、タイなどと比べて、米豪とは主に栽培規模の違いによって、タイや中国とは所得水準の違いによって、生産費に大きな違いがある。その違いを日本が輸入している「MA米」と国産米の価格差（**図表6―6**。農水省資料）を基に見てみよう。

MA米とは……一九九三（平成五）年のガット・ウルグアイラウンド合意の結果、日本はコメを関税化しない替わりにミニマム・アクセス（最低限輸入＝略称MA）する案を受け入れ、一定量を輸入しなければならなくなった。

MAにより日本は、国家貿易方式で、国内消費量の一定割合（九五年の四％から始まり二〇〇〇年までその割合が年々増加）のコメをアメリカやタイなどから輸入し続けた後、二〇〇〇（平成十二）年以降はWTO対応の〝新案〟で行くことにし、玄米約七七万tを毎年輸入している。

〝新案〟とは、MAの枠外でも「関税措置」により輸入するという案で、戦略的に旧案から新案

へ変更したというのが政府説明。これが「コメの関税化」の始まりであり、一九九九年から七七八％（換算税率）の関税で誰でも輸入できる体制がスタートした。その結果、同年以降、MAと別枠で関税による輸入も行なわれていて、高関税の中で、ごく少量が輸入されている現状だ。

MA輸入のコメは、枠内税率は無税だが、国家貿易による売買差益（マークアップ）の徴収が認められていて、一kg当たり二九二円上限のマークアップ体制の下、民間業者がSBSと呼ばれる「売買同時契約」によりマークアップ分をプラスして国から買い取る方式で流通させている。

図表6―6へ戻ろう。図中のMA米の価格はマークアップ込みの価格であることに注意しないといけない。農水省は註釈を付けていて、中国米は二〇〇七年に一kg一五七円だったが、中国国内の卸売価格は一kg五〇円以下であるとしている。

同年の、日本の「米穀価格形成センター」（通称「コメ価格センター」、二〇一一年で廃止）の平均価格二六一円と比べると、日本は中国国内の卸売価格より五倍以上高いことが分かる。

中国以外のアメリカやタイなどのコメは、それぞれの国内価格は当年のコメの生産量などによって違うし為替の変動にもよるが、日本との間には、中国と同程度かあるいはそれ以上の差があるのが実情だ。

「コメ・農業の日本の立ち位置」はどこにあるか、以上で大体の位置が見えたのではないか。

価格競争力という点から言えば、大劣勢である。

仮にの話だが、この状態でもし無関税で外国米が輸入されたら、いくら安全・高品質の日本米にも勝ち目はない。

七七八%の高関税をいつまでも維持できる見通しはなく、日本のコメはいままさに剣が峰にある。日本の農政は、外にTPP(環太平洋経済連携協定)のほかFTA(自由貿易協定)やEPA(経済連携協定)といった二国間の貿易自由化交渉を抱え市場開放を迫られる中、また内に多くの難題を抱える中、減反廃止決定を受け新たな包括的で有効な「直接支払い」制度をどう構築し、日本農業の復興プランをどう描き、力強い第一歩をどう踏み出すか——大テーマを前に、いま戦後最大の正念場にある。

「もうあれこれ言っているヒマはない。国の総力を結集するときだ。政府は現場が奮い立つようなプラン、そしてヤル気を見せて欲しい」。井手はそう言って背筋を伸ばした。

4　日本型直接支払い制度を

直接支払いのお金は国費なので「消費者も納得するものでないといけない」

農家への「直接支払い制度」は、経済が成長すれば、どうしても遅れを取る農業に対しては必要だと井手は思う。

だから、直接支払いを受ける側にあって、井手は襟を正し、あるべき姿についていつも考えている。

理想形はこうだろう――直接支払いは、国家財政によって実行されるのだから農家はそれを実のあるものに活かし、同時に消費者が、納得のいく価格で農産物を買い、制度を必要なものとして理解し支えてくれるようにすること。

そして、何より大事なのは、「その制度が国の食料安全保障と国土を守るために絶対必要なことだ」という国民のコンセンサスが出来上がることだと井手は考えている。

井手は、農場便りで直接支払いについて語り、農家の責任感を吐露している。そのいくつかを見てみよう。二〇一〇年三月一日号にこう書いている。

「税金の申告を終えて春作業の始まりです。新政権が生まれて農政が大きく変わる一年目に当ると期待していましたが、また独りよがりの悪政減反政策に逆戻りすることになりました。欧米の先進国並みの直接支払い制度によって、日本産のコメを国際価格に引き下げることが出来ると胸を膨らませていた私は、がっかりしています。本当に情けないです。五六一八億円の減反政策用等のお金を、減反農家が財布に入れておしまいというのではなく、国民・消費者・納税者に納得してもらえるよう、米価が安くなることに活かされないといけません。そういう直接支払い制度こそ国民の理解が得られると私は思っています。現在の国民医療費が三二兆円。お米八〇〇万tで約一兆八〇〇〇億円。この数字をじっと眺めて、国の形に思いをめぐらしています」

新政権が生まれて、とあるのは、二〇〇九年八月の総選挙で政権交代を唱えて自民党に大勝して誕生した民主党政権である。五六一八億円の減反政策用等の予算とは、一〇年度に交付される民主党創設の「戸別所得補償費」関連の金額である。お米八〇〇万tで約一兆八〇〇〇億円は、日本のコメの生産量と生産高である。一方で問題にされる国民医療費は三二兆円にも上っている（現在は四〇兆円を超えている）、と嘆息するのだ。

もう少し前、自民党政権時代においても、こう書いている。〇八年三月五日の便りだ。

「中国の毒ギョウザ問題が起きて、世の中の食に対する関心が高まっています。もっともっと高まって欲しいです。食べ物に気をつけていけば、いま騒がれているアトピーも花粉症もずいぶん抑えられるだろうに、と思っています。正しい情報がしっかり伝わっていかない現実がもどかしいです。食料自給率三九％というのも問題です。ＥＵやアメリカなどが積極的に進めている直接支払い制度を、わが国でも一年も早く実行し、農産物の価格を安くする手立てを講じていく必要がありまず」

〝補助金農政〟の下で、農産物の価格を論じる際に問題になるのは、「財政負担＝税負担」と「消費者負担」という二つの観点だ。すなわち〈日本のコメの市価は、補助金＝税負担が入っているのだから相応に安くなってしかるべきだが、実際は安くなく、高い価格のものを消費者負担で買っているではないか。日本の米価は税負担プラス消費者負担という二本柱で支えられていておかしい。どちらか一つの負担でいいのに〉という米価の現状を批判する見解である。

その現状批判の背景には、〈もし減反がなければ市場が需給バランスと価格を決め、米価はグンと値下がりしていいのに、高いままなのは減反のせいであって減反制度はおかしい、補助金があるからそれをアテ込み米作を止める人が出てこないので、補助金はおかしい〉という見解である。

この批判は確かに鋭いところを突いている。しかし、減反がないままだったらどうだったか、補助金なしのままの農政があり得たか、という問い返しもあるわけで、それにも現実性がある。

要するに、日本のコメを巡る補助金の議論は一筋縄では行かないということだ。

ただ、右に見たように、食管廃止後に低落傾向にありながらまだまだ高い米価が維持されてきた〝岩盤〟状況に、政府が五年先の減反廃止を公表したため、強烈なクサビが打ち込まれ、岩盤が壊れ米価の急落が現実的に予想される事態になったのである。

現在コメ一俵の生産者価格が一万五千円だとして、五年後には八千円〜一万円まで低下するという見方がもっぱらだ。

井手が税負担があるのだから安いコメに、と切歯扼腕（せっしやくわん）した課題はショック療法により、期せずして実現されそうな形勢である。

一〇a当たり五万円といった思い切った直接支払いで農業・農村改革を

農家の直接支払いを活きたものにするのは、言うは易く、実行も実行プランも難しい。

そこで井手は、その支払い単価を思い切って大きくするのが効果的だと考えている。民主党時代の一〇a当たり一万五千円程度では「減反農家が財布に入れておしまい」という額だったのではないかと井手は想像する。

だから、コメ政策に絞っての考えだが、直接支払いを一〇a当たり五万円として、すべての販売農家に支給してはどうか――というのが井手案だ。コメの作付け面積を現在実績を基に一五七万ha（一五五頁）として計算してみると、交付金合計は七八五〇億円である。次の式となる。

50,000円×1,570,000×10＝785,000,000,000円

一haは一〇〇a。一〇aで五万なので一haに対しては一〇倍する計算式となる。

これは二〇一〇年度に支払われた戸別所得補償費関連の五六一八億円（一六六頁）より多い。

ところで、そうした戸別所得補償に対してはよく〝バラまき〟などと言われる。そのときもそうだった。所得補償は農家の所得を補うのであって、バラまきとは当を得ない言い方なのだが、補助金に対する消費者の理解が弱いためだろう、世間ではよくそう言われる。

だから、井手案は「減反農家が財布に入れておしまい」でなくなるように、一〇a当たり五万円とする。一haだと五〇万円になる。この交付金が、真に農家の体力強化につながる使い方がされる態勢作りをすること、それが前提条件だ。

補助金の使途は基本的には農家個々の判断によるものだが、例えば二分の一は地域全体の農業・農村振興費用に充てるといった特例を設ける制度にしてもいいだろう。

先に見た大分県大山町の農村改革は、中山間地には発想次第で大きな宝が潜んでいることを教えてくれた。大山町は井手の故郷・八女からも近く、大山町の成功を井手も良く知っている。

そもそも競争不利地域というのはある種の先入観をもった捉え方ではないのか。中山間地はゾーンで捉えて売り出すべきで、小面積の田畑も全体は大きなかたまりと見ることが出来るし、それに適した適地適作の農業を展開すれば、平地にない強みも引き出せると井手は考えている。

一haの水田を所有する、特に高齢の農家だと、補助金が合計五〇万円（毎年）になるので、自ら耕作することを止め、規模拡大を望む周囲の基幹農家へ土地を貸しても良いという人も多数出てくるのではないか。その結果、水田の流動化が強まり、規模拡大という構造改革も進むだろう。

この構図は、主として中山間地や小規模経営の農家について考えた場合だが、平地の二〇ha、三〇haの大規模農家に関しては、補助金の活かし方について多言は要るまい。すでに追求しているスケールメリットを活かし一層のコストダウンを目指す経営を徹底すれば、海外農業との競争力の差も縮まって行くだろう。

最後に残るのが財源だ。農水省のほか国交省、環境省、経産省、文科省、総務省などでそのための予算を出し合って確保したらいい。先に七八五〇億円と試算した原資がその倍になっても、省間横断型で原資を捻出すればやれるだろう。

この省間横断型で原資を調達するのがミソだ。つまりこの直接支払い制度の基本軸は、農業の多面的機能の維持、国土保全、農業の六次産業化、農業の教育活用、地域の活性化などを端的・明快に束ねて、かつ普遍的である。

将来の農業のあり方を考えれば、農業と他産業の融合は一段と強まるはずだし、労働力の相互流

図表6–7　農業収入に占める補助金の割合 (2010-2012年平均値)

	日本 （十億円）	アメリカ （百万ドル）	EU （百万ユーロ）	スイス （百万フラン）	韓国 （十億ウォン）
農業者の補助金受取額 a	1,054.30	26,531.66	66,175.45	3,459.03	2,320.00
農業者収入（=生産額+補助金）b	9,238.86	397,248.54	417,831.24	9,986.42	43,520.08
a/b 補助金／農業者収入 c	11.41%	6.68%	15.84%	34.64%	5.33%

（注）　農業者収入＝生産額（農場段階）＋補助金受取額。市場価格支持は含まない。
出典：平澤明彦算出。元データは OECD Producer and Consumer Support Estimates databasehttp://www.oecd.org/tad/agricultural-policies/producerandconsumersupportestimatesdatabase.htm

動化も進むだろうから、農業・農村だけを見て農政プランを立てるのは時代遅れとなろう。その意味でも、省間横断型で補助金を予算化する井手案は大いに示唆的ではないか。

以上が、井手が考える中山間地が農地の四割も占める日本の農業の特徴を踏まえた「日本型直接支払い」制度の基本である。しかし、国の財政赤字問題があるし、水田以外に畑をどうするかという問題もあり、直接支払いの制度設計は至難のワザであることだけははっきりしている。

ここで、主要先進国の農家の「農業収入」に占める直接支払い（財政負担）の割合を見ておこう。**図表6―7**の通りだ。スイスが三四％を超え、EUも一五％を超えている中、日本は一一・四一％止まりだ。ただし、日本ではコメが七七八％という高関税で守られているという背景があることも考慮しなければならないが、単純に数字を見れば、日本の実情は他の先進国と比べて少しも特異でも時代遅れでもない。むしろその実態から見て、農業補助金を悪とする考え方は単純すぎるし現実離れしたものと言っていいだろう。

農業の多面的機能を目的にした直接支払いはWTOルールにも違反するものではなく、必要な補助金を出すことに腰が引けることはないというのが識者の見方だ。

井手が言う。「イギリスやスイスやフランスの農家は、国家公務員と言われるでしょ。余りに財政負担が大きいというのはどうかと思うけれど、農業を国造りの根幹に据えていることがうかがえて正直羨ましいね。日本型の金額を、さあどう定めるかだね」。

減反廃止を打ち上げた政府は、これからどんな直接支払いの新制度を創案してくるのだろうか。井手の一〇a当たり五万円案は、額の一案だが、農水省の発想に果たして〝高額〟の案が入るかどうか。それこそ想像のはるか枠外のことだ。

さて、五万円案をどう叫ぶか。親書作戦か？　ネット作戦か？　井手はそう思案しつつ、「やっぱり国民に言いたい」と声を強めた。

「五万円案はボクの一案。直接支払い制度そのものについて消費者に考えてもらいたい。どうしたら日本の農業が力強くサバイバルできるか、そして国民の良質な食料が確保できるか……。国民みんなで考え、議論し、大きな方向性が出せるといいなあ。それを政府に訴えかけて行く。そうありたいなあ」。

第7章　日本のコメ・農業のサバイバルのために

発芽したモミ

1 「ターゲット」を定める――学校給食、玄米食、輸出の三本の矢を放つ

学校給食を全面「ご飯食」にすることから家族の食習慣をご飯食へ

この節の副タイトルの〝学校給食、玄米食、輸出の三本の矢〟は、井手が考えているコメ・サバイバルのための重要な〝ボディブロー〟である。じわっと効いてくるパンチであり、ときに一発でノックアウトするパンチもある攻撃だ。そんなボディブローになぞらえ、三本の矢の〝井手のブロー〟を見ていこう。

まず「学校給食」。

日本人のコメ消費量の低落はもう誰もが良く知っているところ。長期低落傾向にあって止まらないのだ。**図表7―1**を見ていただきたい。一九六五（昭和四十）年、年間一人一一一・七kgだったのが、ざっくり見れば一九九〇年には七〇kgへ、二〇〇〇年には六〇kgへ落ち、いま五〇kg後半へまでズルズルと落ちている。

原因は、食の多様化（パン食や麺食の増加）、高齢化（高齢者は食が細くなる）、肉食の増加（高蛋白高脂肪の肉食でご飯が少なくて

図表7–1　国民一人当たりコメ消費量の推移

年	消費量（kg）
昭和40年度	111.7
50年度	88.0
60年度	74.6
平成20年度	58.8
21年度	58.3
22年度	59.5
23年度	57.8
24年度（概算）	56.3

資料：食糧需給表（農林水産省大臣官房食料安全保障課）

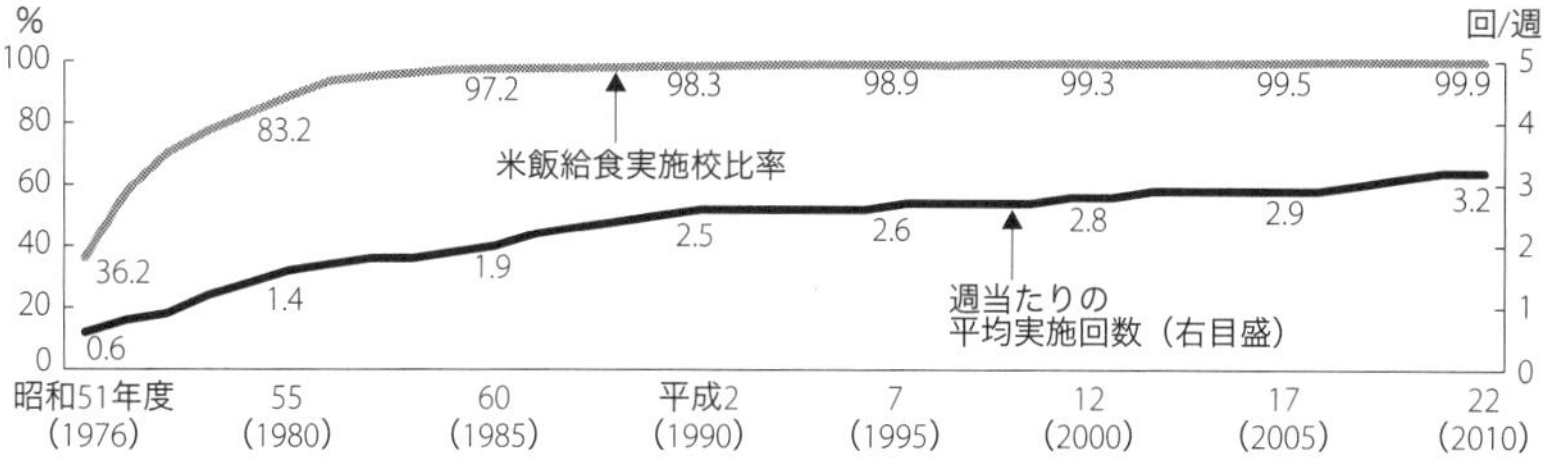

資料：文部科学省「米飯給食実施状況調査」

図表 7-2　米飯学校給食の実施回数の推移

済む）などで、今後はこれに人口減という構造的問題（二〇年後には一億二千万人が一億人近くになるという予測がある）がもう一枚加わる。コメのピンチは一層大きくなりそうだ。

巻き返しは容易ではないだろう。国民も政府もそう思い、復活の妙案が浮かばないままお手上げ状態にあるのではないか。

「お手上げとは情けない。打つべき手がある」という井手は言う。『白書』で見ると、学校給食における「ご飯食」の実施状況は**図表7―2**の通りで、週五日のうち平均三・二回となっている。

大潟村の小中学校、さらに村立幼稚園はどうなのだろう？

村には直営の給食用の共同調理場がある。週五日、そこで調理した料理を小中学校と幼稚園へ運ぶ完全給食を実施していて、そのうち「ご飯給食」は四日という。現在、幼稚園児が五二人、小学生が一九二人、中学生が一〇五人である。

料理は幼稚園、小中学校共通（量だけ違う）で、水曜日だけが麺類やパン食、あとはすべてご飯食。食材はコメも副食の野菜類も地元産だという。

井手は、この組み立ての狙いは理解できるとしつつ、子供たちは麺類やパンを家庭でも沢山食べているはずなので、学校給食はやっぱり一〇〇％ご飯食がいいのに、と残念がる。

井手の考えを聞こう。

一つ。学校給食を全部ご飯食で通してこそ、ご飯食習慣を身に付けさせるチャンスを活かすことになる。不徹底ではチャンスも薄まる。わずかなことだけれど、ご飯食の劣勢を押し戻すには徹底しないとダメだ。ご飯食の優位性は証明済みだし、あとは政治と行政の決断次第ではないか。

二つ。直視すべきは、小中学生は次代を担う中心世代であるということ。いまこそ「ご飯は美味しい」「ご飯が好き」という感覚を身につけてもらいたい。そして自分たちが産み育てる子供にご飯の優位性をしっかり引き継いで行ってもらわなければならない。その意味でも、ご飯食一〇〇％実施を早く実現すべきだ。

子供は家族の中心でもある。学校給食でご飯をより好きになる子供たちが、家族の食習慣をご飯食優勢という形に少しずつ変えていくパターンにぜひ持って行きたい。それが学校給食の今日的意味だろう。

三つ。使用するコメは地産地消主義で調達し、できれば有機無農薬米とする。その種のコメの生産者が地域内に何人もいる場合は、どの生産者のコメも平等に調達するようにし、子供たちに各人のコメを採点させたらどうか。それが子供たちの話題になり、生産者の励みにもなり、一石三鳥四鳥の効果があるだろう。

四つ。調理スタッフに炊き方を習熟してもらい、ふかふかの美味しいご飯を出す。それに加え、学校栄養士が折々に「ご飯食」の意味や大切さを語って聞かせる。子供たちが「ご飯、美味しいね」と喋り合うようになればしめたもの。じっくりそこを目指すことだ。

五つ。ご飯食一〇〇%実施の態勢を作り上げ、一歩一歩、その高みを目指すことだ。その態勢作りは文科省にかかっている。もちろん大潟村が先行してやってもいい。早急に一〇〇%実施プランを作り、必要な予算をつけ、二年計画とか三年計画ぐらいの短期決戦で臨むのがいいだろう。

現状の週三・二回が五回でないのは、他がパン食などになっているからで、一〇〇%実施プランには業界の反対もあるだろう。でも、反対者にはプランの意義を理解してもらうしかないし、それは可能だろう、と井手は思っている。

「さあ、いまこそ学校給食の出番だ。文科省、行政、一歩前に！」と井手は声を大にする。

白米とは〝天と地〟の差、圧倒的メリットをもつ〝玄米ご飯〟を食べませんか！

「玄米は栄養素が高いが炊きにくく食べにくい、白米は美味しいが栄養素が損なわれている」という言い方が長い間されている。

でも、ちょっと見方を変え、玄米食を見直してみませんか！　というのが井手の年来の主張である。それにより「食の価値観が変わるはず」「低落するコメの消費を押し戻せるのではないか」と考えている。

ここではコメの「栄養素」について再考し、井手の二つ目のブロー「玄米食の普及」の威力を見てみよう。

玄米vs白米の栄養の差が大きいことはすでに何度も書いた。図表4―3（二一一頁）と4―4（一一二頁）を参考にし、今一度、各栄養素とも玄米における含有量の方が白米より相当多いことを確認し、ここでは主な栄養素のプロフィルを押えておこう。

まず、食物繊維。便秘に効果抜群なのは体験的にも良く知られている。ほかに体内の余分なコレステロールや発ガン物質などの有害物質の排出を促し、糖尿病やガン、動脈硬化、脳卒中、心臓病などを防ぐのにも一役買っている。

日本人の食物繊維の目標摂取量は成人一日当たり二〇～二五gなどとされるが、実際の摂取量はかなり少ないと言われる。白米の約九倍の食物繊維を含む玄米を食べれば、その不足分はすぐ補える計算だ。

次に、ビタミンE。抗酸化作用によって血管の老化を防ぎ、血行を良くする働きがある。欠乏すると、血中の脂肪が多くなる高脂血症、脳梗塞、心筋梗塞、糖尿病などを招く。

ビタミンB_1。体内でデンプンなどの糖質をエネルギーに変えるのに欠かせない成分。不足すると糖質を効率よくエネルギーに変えることができず、疲れやすくなったり、イライラの症状が現れることも。

ビタミンB_2。粘膜を守り、血管を詰まらせる過酸化脂質を分解するほか、爪、皮膚、髪を作る。

欠乏は、肌荒れ、口内炎、発育不良など。

カルシウム。骨や歯を形成する。ホルモンの分泌、血液の凝固、神経や筋肉の興奮の調節などに関与する。不足すると、くる病や骨粗しょう症、高血圧、動脈硬化の原因にも。

マグネシウム。カルシウムと密接に関係し、骨の健康維持などの働き。普通の食事をすれば、不足の心配はほとんど要らない。

カリウム。体内の余分なナトリウム（塩の主成分）の排出を促す働きがあり、高血圧予防に有効。

鉄。赤血球のヘモグロビンの成分になって、酸素を運搬する働き。不足すると、貧血、息切れ、目まいなどの因。

リン。生体中の様々な化合物を構成している。DNAを作るのに欠かせない。生体内のエネルギー源として働くATPはリン酸化合物。

亜鉛。蛋白質の合成や骨の発育に欠かせない。新陳代謝を良くして免疫力を高める。不足すると、発育不全、機能性障害、味覚障害を起こす。

先にも書いたが、カルシウムやマグネシウムなどのミネラルはどれも、体内でそれぞれ重要な働きをし、体を健康に保つために欠かせない栄養素である。約三〇種のミネラルが体に必要なものであり、ミネラルは体内では合成されないので、すべて食べ物として外から取り込まなければならない。この点を絶対に忘れてはいけない。

体内で主に糖を分解するホルモンにインスリンがある。このインスリンにつき、デンプン食品のご飯・パン・ジャガイモを食べたときのインスリン分泌量を調べると、分泌量が一番少ないのはご飯、という研究結果がアメリカのスタンフォード大学の研究で出ているそうだ。インスリンは食事から摂取したエネルギーを脂肪に作り変えて体内に蓄える働きもしているので、インスリンの分泌量が少ないということは、太りにくい食品であることを意味する。

玄米は白米と比べると、自然と良く嚙んで食べることになる。良く嚙むことで、体内で消化酵素も良く分泌されるし、歯も丈夫になるという効果もある。老若男女、誰にとっても玄米は良いということになる。ダイエット指向の人にはぴったりの食品だ。

このように見てくると、「ご飯はやっぱりいい」となり、さらに「ご飯なら白米より玄米がいい」という答えが自然と出ている、と井手は強調する。データを見れば明白だと。

データと、栄養素のプロフィルを付き合わせれば、「玄米食を食べなきゃ損」ということが、いっそう明々白々だ。

問題は、国民にそのことをどう知ってもらうかである。井手はそのためにもライブカメラのWEBサイト「田んぼの24時間」を開設した。

このサイトを活用し、〝玄米食見直し〟という大テーマをじっくり訴えていく方針だ。「玄米食で、あなたの健康がゲットできます！」をキャッチフレーズに。

玄米食が見直されて、コメの消費が持ち直す。その可能性を井手は信じて疑わない。

さらに言えば、玄米食は健康の元であり、玄米食が普及すれば、年間四〇兆円に膨らんだ国民医療費の増加にストップをかけられ、否、医療費がカット出来る可能性も大ありだと信じている。

ＷＥＢの秘めた力に期待し、さらにそこから玄米食普及の波が広く消費者の間に広まって行くことを願い、井手はＷＥＢ発信をし続ける決意だ。

「気長に行くしかないかな。でも、少しでも早くゴールに近づきたい。このタブレットで勝負をかける」

コメ輸出を、年次目標を立てて推進するぐらいの本気度が国にあるか

三つ目のブローは、「コメの輸出」だ。

「輸出なんてムリ」と、大半の生産者と消費者が、そして研究者も国も考えているのではないか。否、サジを投げているように見える、と井手は怒る。

日本のコメは外国産と比べて何倍も値段が高く、競争力にまだまだ差がある。しかし、香港やシンガポールなど東南アジアを中心に、日本のコメが美味しく良質なことが評価され、輸出されている現実があるではないか。「何をひるんでいる！」と井手は歯軋りする。

ただ、このところ少し風向きが変わってきたようにも見える。

農業機械の「株式会社クボタ」が香港にコメの販売拠点を作り、輸出事業に先駆けしている現場を見て、現地企業の反響の大きさに驚いたと野田佳彦前総理がブログに書いている。

またＪＡ全中もようやく輸出に本腰を入れ始めたようで、経営改革の新たな柱として農産物の輸

出拡大を掲げ、輸出目標を設定し、全農直営レストランを展開する構えだと、新聞が伝えている。

国も、コメを含めた農産物輸出にやっと重い腰を上げたようだ。平成二十五年度版『白書』では、農産物輸出のページが日本食輸出と合わせて大きく割かれている。コメでは、輸出促進の事例として、秋田県大仙市の「JA秋田おばこ」が米卸業者「株式会社神明」経由で、あきたこまちを香港、シンガポール、アメリカ、オーストラリア、欧州などへ輸出しているという事業展開が紹介されている。

「そうだ、これだよ。みんながコメ輸出をもっと積極的に考えなきゃ」

井手は『白書』を読んで膝を叩く。

そして、国に注文する。「政府は、海外の市場開拓や調査にもっと予算をつけて、具体的な輸出目標を掲げ、到達度をチェックしながら前進するといった本気度をもっと見せて欲しい。途上国の人口爆発や地球環境の悪化で、世界的な食料不足が深刻化するのが目に見えているんだもの、それに備える戦略を早く立てて、具体的なアクションを起こさなきゃ」。

日本のコメと外国米の国際価格には大きな差があり、現状では価格面での日本の競争力は弱く、海外マーケットはそう簡単には開けないだろう。時間もかかるだろう。

しかし、コメの品質、つまり美味しさや安全性では日本が他を圧倒しており、大きなアドバンテージを持っているのは間違いない。海外での日本食ブームや、和食がユネスコの世界無形文化遺産に指定されたという追い風も吹いている。

それらを活かし、農政・農家を挙げて生産費の削減に注力し国際価格に近づける結果を出しつつ、輸出の道をこじ開けて行くしかないだろう。

「国が本気度を見せ、業界もギアを上げ、生産者も底力を発揮する。これしかない。生産者はコメを作りたくてウズウズしているんだから」

井手の言は明快である。

2 「食べ物」を見直す——日本料理店総料理長・野﨑洋光さんと対談する

総料理長の料理哲学・食哲学に共感して

間違いの多い「食」を見直すことが農業の立て直しにつながる。そう考える井手は、TVなどで有名な料理人・野﨑洋光さんとそのテーマで対談できるチャンスをずっとうかがっていた。

野﨑洋光さんとは、東京・南麻布の日本料理店「分とく山」の総料理長である。井手が野﨑さんを知ったのは二〇〇四（平成十六）年のことだった。アテネ・オリンピック野球チームの、現地での食事を担当する総料理長に野﨑さんが指名されたというTVニュースだった。長島茂雄監督がかねて知り合いだった野﨑さんを拝み倒して指名したというのだった。

強く惹かれるものを感じた井手は野﨑さんの著書を読んだ。野﨑さんは随所で自分の料理哲学を「料理の真髄は家庭料理にあり」「料理は素材を食べるもの」といった言葉で語っていた。井手は大いに共感した。

それから長い時間が経った。井手はWEBサイト「田んぼの24時間」を開設し、そこでコメ、農業、食のことを縦横無尽に発信しようと、新しい行動に取り掛かったとき、野﨑さんと会ってあの言葉について話し合えたらなあと思った。

井手はすぐ得意の行動に移った。親書作戦である。ぜひお会いして、総料理長の料理と食についてのお考えを直接お聞きしたいので、ご訪問の機会をお与えいただけないかと、率直に丁寧にお願いの手紙を書き、宅配便の荷物と一緒に送った。荷物は、有機無農薬栽培のあきたこまちの自然乾燥米とモミ発芽玄米で、「心を込めて作りました。ご試食して下さい」とメッセージを添えた。

ラッキーだった。「たまたま午後の休憩時間が一時間空きました、お会いしましょう」とFAXで返事が来たのだ。二〇一四年三月末の日時が指定されていた。

井手は、かつてもこの親書作戦で、自然食のマクロビオティック研究などで著名な久司道夫(くしみちお)さんとの東京での初対面を叶え、次には活動の本拠地ニューヨークの事務所を訪ね、マクロビオティックを研究する緒を自ら開いたのだった。

八女時代に熊本の松田農場を訪ね、松田喜一さんの知遇を得たのもそうだった。「大地を守る会」を引っ張った藤本敏夫さんとの初対面もそうで、奥さん（歌手の加藤登紀子さん）も交えて一緒に飲みましょう、と話していたのに急いで逝かれてしまった、と残念がる。

野﨑さんとの約束の日。勇躍、東京南麻布の「分とく山」を訪ねた。筆者も同行し取材させていただく。「母さん（妻）の料理が一番」という井手と、一〇〇冊以上の料理本を著し料理を窮める野崎さん。二人の縦横無尽の対談を以下に。

食材を大事にして、食材の味を壊すような濃い味付けをしない家庭料理を

外苑西通りに面した平屋建ての大人しい感じの「分とく山」。古風な入り口の脇に東屋風の別棟が建っている。別棟の〝応接間たまに客席〟というテーブル席に通されると、ほどなく真っ白い料理服に真っ白い料理帽の野崎総料理長が現れた。挨拶を交わす二人。筆者も名刺を差し出す。野崎さん、飄々（ひょうひょう）として気取りなどさらさらなく、でも折り目正しく。東屋にぴったりの風情。

さっそく本論に入るや、土鍋で炊いた井手さんのコメ（あきたこまちの自然乾燥米）と、店で出しているという新潟県加茂市の生産者のコメ（コシヒカリ）のホカホカのご飯を土鍋ごと弟子に持ってこさせ、自ら三人分を茶碗によそる。「さ、食べて下さい。ちょっと塩を振って」と、いきなり料理世界へ誘い込む。

じっくり味わう。ともに甲乙つけがたい美味しさだ。でも「冷めたら、あきたこまちかな」と野崎さん。冷めた後にそれを試すと、あきたこまちの甘さが目立ち、野崎さんの言う通りかなという印象だった。

食べ方を変えて……と野崎さんがおにぎりを握り始める。否、「握らないで、むすぶのが正しいです。名前もおむすび。軽ーくむすんだ方が絶対においしい」と言いながら、茶碗の内側にどら焼

野﨑洋光さん

き形にご飯を集めるようにして〝むすぶ〟。再びの試食。お説の通り、おにぎりより、おむすびが圧倒的に美味しい。取っておきの情報を得て、嬉しくなる。

井手が口を挟む。「困っていることが二つあります。一つは、一俵六〇kgのコメの値段が一万五千円ぐらいまで下がってきて、もっと下がりそうなこと。もう一つはコメの消費量が一人年間六〇kgを切ったこと。国民にどう訴えていったら、このピンチを乗り越えられるか、その方法がわれわれ農家には分かりません。何かいい知恵はないでしょうか」。

野﨑さんが言う。「私の感想です。値段はちょっと置いておき、消費量から。一九五五（昭和三十）年ごろ電気釜が開発され日に三回ご飯を炊くようになって消費量が増え、六〇年から六〇年代半ばごろまで年間一人一二〇―一一〇kgのコメを食べていたんですね。そのころから食がバラエティ豊かになり、そこをピークにコメの消費は減り始める。悪いことに、そこへもってきて砂糖が安く手に入るようになり、糖分吸収源としてのコメの消費がさらに落ちる。そして最近はパン党、麵党が増え、外食・中食も急増する中で、六〇kgを切っちゃった」。

井手が言う。「おにぎり、否、おむすび一つ取っても、コンビニのものが実に美味しくなって、驚異に感じています。味を良くする食品添加物をいっぱい入れた上、高級梅干、ツナマヨ、コンブなど多様な具も美味しく装われていますよね。消費者は作られた味に惹かれて買ってしまう。おむすびだけでなく、幕の内弁当もお惣菜も、みんなそう。味がやたらと濃く、しょっぱい。人の味覚が誤魔化されてしまったんですかね」。

「そうですね。引き戻すのは非常に難しい。料理の原点は素材。料理は素材を食べるもの、ということを教え直さないといけません。だから、家庭料理なんですよ。そのポイントは、一つ、確かな素材を使って、二つ、その味覚を壊さないよう、三つ、決して濃い味にはせず、四つ、一汁三菜の家庭料理を食べるようにすることです。核家族化し、働く女性が増えている中、会社勤めをして子育てをする女性に、あるいは男性に、それを実践するようどう仕向けるかですね。その四つが食生活の原点だと、いろんなところで口酸っぱく言うんだけど、やっぱり外食・中食に押されっぱなし。どこに突破口、見つけましょう？」

プラチナのように輝くご飯とクズがパラパラ落ちるパン……日本食は美しい

野﨑さんが続ける。「私は一汁一菜でもいいと言っています。ご飯プラス、具沢山の味噌汁にすれば、副食がもう一品あればいい。これなら忙しい女性も、男性だって、やれるでしょう。料理は楽しい、って少しずつ分かっていくんじゃないかなあ。できれば味噌汁のダシはカツオとコンブで自分で作る。そうすると、我が家の家庭料理は旨いわ、ファミレスの、どこで食べても変わらないあの味は味気ないわ、って思えるようになるんじゃないかな。プラチナのように輝くご飯は美しい。それに対してパン食はクズがパラパラ落ちる。日本食の美点の一つです。お膳や漆の食器の美しさもあります。洋食のスープはどうです、金属のスプーンでスープを口へ運ぶので、スプーンの熱さで唇も熱い。和食は、漆のお椀を口につけて啜る。熱さを感じずに、熱い味噌汁を飲める。その凄さに気付きましょうよ。お箸だって、食べ終わった皿に投げ出されたスプーンやフォークの姿に比べると、ちゃんと食器の手前、箸置きの上に並べて置かれてキレイでしょ。和食が世界無形文化遺産に登録されたのを機に、日本食の良さ、美しさを評価しようよ‼ ってあちこちで叫んでいます。日本食の美しさ、伝統の食文化の素晴らしさをみんなで見直すこと。これをコメの消費回復につなげる。これしかないように思います。急がば回れ、ですね」。

「なるほど」と井手が大きく頷く。

アメリカのマクガバン・レポートは「理想的な食事は伝統的な日本食である」と

井手が言う。「日本食が評価されるべきは、健康食としての優秀性ですね。アメリカのマクガバン・レポートを思い出します。一九七一（昭和四十六）年、ニクソン大統領の時代、国民の死因一位の心臓病と二位のガンを撲滅するため、上院に世界規模のプロジェクト・チームが作られ、食事と健康・

慢性疾患の関係の研究が進められた。それから六年後、チームの委員長マクガバン氏の名前で報告書がアメリカ議会に提出された。マクガバン・レポートですよね。報告書は、心臓病、ガン、脳卒中などの病気は誤った食生活が原因の〝食源病〟であって、薬では治らないと言い切ったんです。その改善策は要約すると、高カロリー、高脂肪の食品、つまり肉や乳製品などの動物性食品を減らし、できるだけ精製しない穀物や野菜、果物を多く摂ることが望ましい。そして、最も理想的な食事は伝統的な日本の食事である、と明記されました。これをきっかけにアメリカで日本食レストランが続々開店し、〝牛肉半減運動〟も起きたという新聞のニュースを、大潟の駆け出し時代でしたが、ボクは鮮明に覚えています。ヒポクラテスの〝汝の食物を医薬とせよ〟がアメリカの政治に蘇ったんですよね。日本人の食習慣はそれに逆行してきた。バカなことです」。

野﨑さんが言う。「そうそう。一つ付け加えると、第二次大戦後、朝鮮戦争も終結した後の一九五四（昭和二十九）年でしたか、アメリカは余剰農産物処理法と称される『ＰＬ４８０』を成立させる。アメリカ産の小麦を日本なら円で買えて代金は後払いで良い、という法律で、食料不足の日本にとっては渡りに船でした。輸入された小麦はパンになる。パンは脱脂粉乳と一緒に学校給食のトレイに乗る。子供たちがパン食に慣れ、パン食は副食として乳製品・肉製品と一体となって、日本人の食習慣を作り上げる。子供たちが成長し親になったいま、日本の家庭の食卓が洋食化し、和食の伝統が薄れつつある。アメリカの長期戦略に飲み込まれちゃいましたねえ。しかし、いまパン食への反撃のチャンスが突然降ってきましたよ、いま言った和食の世界無形文化遺産登録です。世界的な食料不足の世紀に入っていることだし、コメの輸出を世界的視野で捉えて戦略を立てることが日本の課題ですね」。

井手が言う。「おむすびですが、ボクのあきたこまちは冷めても美味しいという野崎さんの評価は嬉しいです。おむすびは食材そのものを味わうという料理の原点にも合致しています。食材大事の精神をボクは日ごろ実践していて、コンニャクは女房手作りの刺身を自家製味噌で食べるのが好きだし、豆腐は冷奴が一番と思っています。料理は素材を食べるものという点でも、日本食は筋が通っている。やっぱり洋食とは違いますね」。

食べ物を価格で選び、食品廃棄が年一七〇〇万tという国民の食意識

野崎さんが、「私は茹でたばかりのほくほくのジャガイモを塩を振って食べるのが大好き」と相槌を打って、話を転じる。いよいよギアが上がる。

「コンビニのおむすびが外国人にも人気でしょ。その値段を考えてみましょうか。コンビニおむすびの材料のコメが、仮に一〇kg五千円のものを使っているとしましょう。実際はもっと安いはず。食品添加物で上手に美味しく化粧しているけど。一〇kg五千円のコメは、相当上等な高いコメです。一kgで五〇〇円、一〇〇gで五〇円です。一〇〇gのコメはご飯に炊けば二三〇gになる。これがおむすび三つになる。すると、おむすび一個のコメの材料費は約一七円。これに梅干とかシーチキンとかコンブを入れて、一個一二〇円とかのコンビニおむすびとなる。材料費の約七倍です。若

野崎洋光さんと井手

い子たちに、この話をすると、えーっと驚く。値段の仕組みを時には考えような、って言うんです。

ここで例に挙げた一〇〇gで五〇円のコメは大食いの人の丼一杯分です。その一食のコメ代が高いのかという問題です。相当上等で高いそのコメは、有機無農薬の安心安全で美味しいコメに当るでしょう。一〇kg五千円ですよ。そのコメと、その半額のおそらく農薬使用米で味も落ちるコメと、あなたはどっちを買いますか？　多くの人は値段では選ばない、安全で美味しいものを選ぶ、と私は信じたい。けれど、実際購入する段になると、スーパーの米袋を見比べて、安全で良質なのに、高い方をつい敬遠してしまう。一〇kg五千円のコメは、一年の消費量を六〇kgとすればぴたり三万円。銀座で三万円のバッグをほいほいと買っちゃうのに、健康の基になる食べ物にはお金を使わない。これって何でしょうね」

井手が言う。「いやあ、まったく。食べ物は値段で買ってはイケマセン。頑健な身体の土台を作るのにも、日々を活き活きと生きる快調な身体を保ち続けるのにも、美味しくて良質な食べ物を食べることです。老いも若きもそうでないといけない。だから、ボクは生産者として有機無農薬栽培にこだわっているんです。栄養豊富だけど食べにくいと言われる有機無農薬栽培のコメをモミで発芽させ、食べ易く栄養価を高めたモミ発芽玄米にする製法を開発し、特許を取って商品にラインナップしています。ご存知のように、これはモミが発芽するときに生成される物質GABA（ガンマ・アミノ酪酸）の働きで、脳の血流改善や精神安定、肝臓・腎臓の活性化等々の効力があるという優れものです。手前味噌かも知れませんが、ボクのモミ発芽玄米が普及すれば、年間四〇兆円にも膨らんだ国民医療費が大幅に削減できる、って訴えているんです」。

野﨑さんが続ける。「そりゃあいい。九五兆円の予算が早期成立してよかったなんて言ってるけど、何割も借金で賄おうっていう思想。誰もおかしいと言わない不思議。日本人はすっかりネジが緩んだままでおかしいですよ。食料自給率を上げろ上げろ、と言いながら、家庭の冷蔵庫から、コンビニから、廃棄食品がぼんぼん出てきて年間一七〇〇万tだって。何ですか、これ。私は福島県の古殿町（ふるどのまち）という農村の出身だけれど、農家に限らず広く東北には、古米から先に食べるという食哲学がずっとありました。それが戦後の高度成長の中で消えていき、いまは新米と聞くとみんなばーっと飛びつく。そこらも緩んだまま、狂ったままの日本人の精神の現れですね。民族としての、人としての自信と誇りを取り戻す。そこからやり直さないといけないと私は思っています。井手さん、そこを目指し生産者と消費最前線の料理人として、まずは日本の美しい食文化を復活させる活動を一緒にやっていきましょう」。

3 「土」を守る――土壌微生物の世界をDVD『根の国』に見る

植物は微生物の力を借りて根から有機物もミネラルも吸収する

人には〝命懸けで守るもの〟がある、と井手は言う。

井手の、その一つが「土」。農業を継続して行なう基礎となる農地の「土」である。

「農業は土作りがすべて」が井手の信条であり、その信条は、特上の有機肥料として実現されている。井手は、その有機肥料―土作り―土を「命懸けで守る」と言うのだ。

では、その有機肥料の中はどうなっているのだろうか?

一言で言えば、「豊穣な微生物世界」なのだが、それは人の目には見えない世界である。その世界を見るのがこの項の目的。その世界がもし壊れれば、井手の有機農業はオシマイである。だから、井手は命懸けでこの土を守ると言うのだ。

土の中は言うまでもなく小動物や微生物の棲み処であり、それらが豊かに棲息している土が良い土壌とされる。その土壌の中で、生き物たちはどのような営みをしているのだろうか？

それを見せてくれる『根の国』と題されたＤＶＤがある。先に何度も出てきた「株式会社マルタ」（当時は「株式会社マルタ有機農業生産組合」）が、組合顧問であった土壌微生物学者の故小林達治先生（元京都大学助教授）に依頼し、電子顕微鏡を使って土壌中の微生物世界を撮影した映像である。一九八一（昭和五十六）年の製作（元は映画）で二〇〇五（平成十七）年にＤＶＤ化された。その映像により堆肥を投入した畑の土壌を覗いてみよう。

まず、驚異の映像箇所から――。タンパク質の一種であるヘモグロビンで稲の根を育てると、根の細胞膜がくびれ込むようにしてそのヘモグロビン＝有機質を取り込み、次いで小胞が酵素を出しヘモグロビンを溶かして吸収するシーンがある。ナレーションがそのことを説明し、その取り込み方を「アメーバーのごとく」であると表現している。

これは新しい発見であった。根の細胞膜には小さな穴が開いているが、タンパク質のように大きな分子のものはこの穴からは取り込むことができず、植物は根から養分を無機の状態で取り込むのだと一九八一年ころまで世間で広く思い込まれていた。これがドイツの化学者リービッヒの理論と言われるものである。

しかし、小林先生はそうではないと主張し、有機の状態でも取り込まれることを映像で証明したのだ。根が養分をどう取り込むのかはまだ未解明な部分が多いと小林先生が言う中での、一つの大きな発見であった。

畑では映像が示すような働きを植物の根がしているというわけだ。根にはおびただしい数の短い根毛があり根の養分吸収能力を高めていて、その根毛は微生物が好む養分をエサとして出し、微生物がそれを食べ、次に微生物が出す糞や尿を植物が栄養として根毛から取り込む関係にあるという。微生物のエサは、ほかには堆肥中の有機質であり、それを食べて微生物は生き、死んで他のエサとなる。そういう生死を繰り返している。微生物は一般的に良い土壌中には一g中に五億も一〇億もいるとされるが、DVDのナレーションは、一種類だけが独裁者のように繁殖することは他が許さないのだという。例えばある黴菌(かびきん)が大繁殖しかかると別のバクテリアが増えて黴菌を押さえ込むと言い、映像はそのシーンも捉えている。

生あるものは死に、死ねばみな土に還る

土壌中には、ダニ、ヤスデ、カメムシ、トビムシ、ムカデ、ヒメミミズ、昆虫の子……などなど沢山の小さな生き物たちがいて、堆肥をエサにして生き、生死を繰り返し、死んでは他のエサとなり、土に還る。またムカデが小ムカデを食い、残った死骸は他のエサになったりする。そうした複雑な相互関係にある。さらに、それらの小さい生き物をネズミやモグラが食い、これらも死ねば他のエサになる。

そこから先は言うまでもないことだが、食物連鎖の話になる。地上の獣や鳥も食物連鎖の中にあり、それらも死ねば地に落ち、土壌生物のエサとなる。水中の生き物も同様で、すべての生き物が

大きな食物連鎖の中にいて、死ねばみな土に還る。生あるものは須く最後は土に還り、植物の栄養になり、植物を人が食べて生きる、という循環関係が出来上がっている。

土壌中のこの精妙なメカニズムは、除草剤、殺虫剤、殺菌剤、殺鼠剤などの農薬をまけば切断され、微生物や小動物は死滅する。全滅はしないだろうが、植物の根と微生物の良き関係も、微生物どうしの自然で豊かな関係も断ち切られる。そして、健康で栄養分豊富な野菜は採れなくなる。

これが、井手が〝命懸け〟になる理由である。

4 「闘う姿勢」を忘れない――大潟村の涌井徹さんと共に闘う

年商四〇億円に育てた会社を〝一流食品メーカー〟へと張り切る涌井さん

大潟村で、若いころから共に闘ってきた同志・涌井徹さんの「闘う姿勢」に、井手はどれだけ鼓舞されてきたかと思う。向上心に溢れ、いつも世の中のことを考え、決して筋を曲げない生き方に共感している。

そして今、正念場の農政改革を、国の根幹に据え得る「本物」たらしめるために、一層協力し合うときが来たと思っている。

その「涌井徹」の名を知らない者は秋田県内にはまずいないだろう。全国にも知られているはずだ。「ああ、大潟村の、コメで闘ったあの農家だ」と。

一九七〇（昭和四十五）年、涌井さんは新潟県十日町市から家族で入植。その年から始まった国の減反に反対し、コメを独自の判断で一杯一杯に作って「青刈り」や「闇米トラック検問」に遭い、制止する役人に「何するか」と立ち向かい、食糧管理法違反容疑で調べられもし（結果は不起訴）、権力と戦い続け、一歩も引かなかった大潟での前半生が、涌井さんにある。

一九九五（平成七）年に「新食糧法」が、二〇〇四年に「改正食糧法」が施行され、生産調整が選択制になったことで、自由にコメが作れる時代になったが、涌井さんは農業を家業でなく産業として存立させるべく、旧食管法時代に興した「株式会社 大潟村あきたこまち生産者協会」でいち早くコメの販売・加工・食品開発を手がけ、「農業発の一流食品メーカー」を目指すと宣言して已まない後半生の中に、いまいる。

涌井流を批判する人は昔からいた。でも、人の生き方は人それぞれであり、あらゆる物事で判断が分かれるのは当然のこと、と井手は大きく捉えている。それが井手の人間理解である。

話を戻して、あきたこまち協会と略称する涌井さんの会社は、多彩な商品――玄米、白米、発芽玄米、米粉、麺、アトピー対応食品、災害対応保存食の製造販売で年商四〇億円を上げ、従業員も一三〇人と地元の有力企業に育った。

「いやあ、まだまだ。次はその二倍が目標」と涌井さん。二〇一三年十二月には、経営力を持ち改革精神に溢れる全国の大規模コメ生産者に声を掛け、コメ五万 t の取り扱いを当初の目標として「東日本コメ産業生産者連合会」を結成、コメ事業のイノベーションに乗り出した。

「コストをどれだけ下げるかが大きなカギ。列島の南北で作業時期が違うので、例えばコンバインなどの機械を融通し合って利用効率を上げるといった工夫を必死にしないとね」とアイデアは尽きない。

連合会の代表に押されるはずだなあ、と井手は合点が行く。

「ボクもそうだったけど、涌井さんは若いころから日本の農業はどうあるべきか、という一点を見つめていた。だから、青刈りも減反も間違っている、と大声を上げて戦い続けたんだ。新しい連合会の仕事も、農業にはまだ規制だらけだけど、涌井さんらしい戦いをしてきっと結果を出すと思う。人生、筋が通っている。刺激されるし、鼓舞される」と井手は言う。

農政を語り合う二人の共通点は「目的を探しモヤモヤしたものと闘う」こと

二人は、入植者（当初五八九人）の中のよく気の合う仲である。よきライバルと言ってもいいだろう。たまに会って情報交換をしたり、励まし合ったりする。

「東日本コメ産業生産者連合会」旗揚げがニュースになった後の一四年三月。二人は連絡し合い井手の応接間で会うと、連合会とライブカメラのことから挨拶代わりに話し始めた。

「井手さんは安心・安全のブランド米を田んぼで作り上げ、今度はインターネット配信とは。アイデアがいいねえ、パワー、衰えないねえ。井手さんは田んぼでブランド作り、ボクはマーケットでブランド作り。二つの視点が欠かせないよね」

「ボクと一回りばかりトシが違うけど、涌井さんは若い。大きく大きく考えるんだね。今度の連合会もね、日本のコメの将来に明かりを灯す一石になるだろうな、きっと」

「うん。とにかく改革。連合会のことは、これからみんなで具体策を話し合うところでね。コメの分かる人、ということで高木勇樹さん（元農水事務次官）が理事長をしている日本プロ農業支援機構とサポート契約を結んだばかり。昔、敵だった人と？　怨讐を超えてですか？　なんて聞く者があるけど、国のことを考えるってことはそんな感情レベルのことじゃないよね」

「外野はつまらんこと言うね、上っ面しか見ないんだね」

「そうよ。敵は、法律だし国の規制だった。人じゃなく。オレたち、その理不尽な法律や規制と戦ったんだよね。減反なんておかしい、って信念のままに作付けしたんだよね、オレもあなたも。そして青刈りに遭った。闇米のバッシングにも、罵詈雑言にも遭ったよね、二人とも」

「んん。検察に呼ばれて、追及されて、しかし断固主張したよ。農家にはコメを作る権利がある。それを制限するのは間違い。資本主義では許されないって。青筋立てて言ってやった。で、検事はそうか、分かったと」

つい昔の話になってしまう。でも、二人とも長く拘泥したりしない。

そして「ＴＰＰに備えないとね」と、〝いまこの時〟の話へ。ＴＰＰにはいろいろ問題もあるが、二人は結論的にはＴＰＰ交渉の早期合意に賛成で、それに備えた農政改革を急ぐべし、というスタンスだ。

涌井徹さん（右）と井手

安倍内閣が発表した五年先の減反廃止によって、米価はどこまで下がるか――目前の問題で意見を交換し、「一万円（一俵六〇kg当たり）が水準かな」「九千円から八千円ぐらいまで行くかもね」と厳しい予測をした。

涌井さんが言う。

「オレんとこ（あきたこまち協会）へあちこちの農家からいっぱい相談が来てる。コメ作り止めるかなあって言うんだ、高齢化もあって。中小の農家は農業を止める準備に入っているよ、現状をそう理解すべきだな。だから、そこにどう政策を集中させるかだね。見放すのではなく、政治の光を当て、そして大規模化を進める。オレの考えでは一戸三〇haにする。農業を家業でなく産業にするチャンスだと思っている。そして一俵一万円以下にする。それなら外国米と戦える。だから政府には、一に規模拡大、二に多収穫品種の開発を頼みたい。そして農家それぞれがコストダウンの改革を必死に実行する。これしかないと思うんだ」

井手が応じる。

「オレは思うよ、日本型直接支払い制度を早く作らなきゃって。先年の戸別所得補償は農家の財布に入って終わりだった。バラまきなんて言われるようじゃダメだね。補助金は農家の足腰を強くするとか、農業改革につながるような制度にしないとイカンねえ。一〇a当たり一万五千円じゃなく、ボクの案は思い切って五万円の直接支払いをする。中小の販売農家にも一律、平等に支給する。農水省、国交省、環境省、経産省、文科省、総務省が横断的に財源を出し、中山間地なんかは面的に農業の振興策を立てて、一〇a当たり五万円の直接支払い金と農業振興策が連動する制度を作る。一ha所有する高齢の農家は五〇万円の補助金を毎年手にすることになるので、もうそれでいいと。農業は定年退職しようかとなる。それで農地の流動性が強まり、規模拡大のインセンティブになる。これで、補助金が生きる直接支払い制度になると思うんだ。農業のことは農家に語らせよ、だよね。さあて、どう発信するかだね」

二人の考えや意見が農政に取り入れられたり、反映されたりすると、これまでとは随分違った農政が展開されそうだが、そのハードルは高い。

しかし、闘い続けるだろう二人が、国を思うアイデアをどんな策で実行していくか、そしてどんな結実がもたらされるか……眼を見開いて見守っていくことにしよう。

涌井さんが、ズバッと言った。

「オレ、目的が定まったとき一番心が落ち着くのよ」

それに返すように、井手が言った。

「ボクもトシ取るほどに次々と何かやりたくなっている。んん、モヤモヤしたものと闘いたくなる。これからも闘いだね」

二人の農政論は、規模拡大が大きなポイントである点では方向性は一致している。しかし、中小の農業や山間地農業を決して無視や軽視はしていない。二人の意見は一五haの配分を受けた大潟村の農業者であるという立場からの発言である。

中山間地の農業や、中小規模の農業に関して政府はどんなサバイバル・デザインを示してくるのか。そこにも規模拡大策と同様に大いに注目している。

「オレたちを驚かしてもらいたいよなあ」

第8章　日本国大潟村

田んぼの中の井手夫妻

1　村長の構想――大潟村・髙橋浩人村長に聞く

五〇年経って新たな村の課題が出てきた

大潟村は、二〇一四（平成二十六）年十月一日で開村五〇年になる。

言うまでもなく八郎潟干拓による人工の村であり、ゼロからのスタートだった。食糧増産という旗印の下、我こそはと全国からやってきた農家五八九戸は、ニューモデル農村作りと大規模農業経営という大目標に燃えた。

村はいま人口約三二〇〇人。観光客が年間一〇〇万人を超えるなど村には勢いがある。五〇年を振り返って髙橋浩人村長が言う。

「食糧生産基地としての基礎をしっかり固めることが出来たと思います。農家の約一〇〇戸が有機無農薬栽培、二九〇戸が五割減農薬・五割減化学肥料栽培をしていて、環境創造型農業を強力に推進しています。モデル的と言っていいでしょう。これまでいろいろ大きな問題がありましたが、村民一丸となってそれを乗り越えてきました。まずまず使命を果たして来たと思っています」

振り返れば、第四次まで四六〇人が入植したところで、一九七〇（昭和四十五）年から食糧増産どころか、国の見通しの狂いによって生産調整のための「減反政策」が始まり、それが定着してしまうという試練を背負っての歩みだった。

減反拒否の農家も多く出て農家間の対立を生む局面もあり、国との関係を含め村政はずいぶん混乱した。そのためニューモデル農村作りというテーマが中途半端だった印象は拭えない。歴代四人の村長の村政運営は大変だっただろう。

髙橋村長は、村の現状を具体的にどう受け止めているのだろう？

「四人目の私は幸い、二進も三進も行かないような難問はすでに片付いたところにいると思っています。しかし、新たな問題がいくつも出てきています。ＴＰＰの行方とも係わりますが、これからの大潟村の農業・農村をどう展開していくか、これが一番大きな課題です。私はいま二期目の二年目ですが、次代の大潟村のビジョンを自ら語り、村民の意思を確かめながらまとめ、そこへ向けて着実に歩んで行きたい思っています」

髙橋浩人村長

五〇年経った大潟村にとっての、これからの具体的な課題は何だろう？

大水田をぐるり取り囲む東西の承水路と、それをつなぐ南側の残存湖は、日本海との境界が水門で閉鎖されているので、水田地帯を人の血管のように走る用水路を含めて、巨大な閉鎖水域となっている。

この水域の用水の富栄養化が近年目立っているという。生活排水のほか、耕地で使われるコメと野菜栽培における肥料成分が水路に流れ出て、閉鎖水域の富栄養化を進行させているのだ。水域には魚類のほか小動物も植物も、また鳥類も哺乳動物も十分生息していて、生態系も自然の水質浄化力もまだしっかり維持されてはいる。

しかし、富栄養化には先手を打って対応することが大事であり、農水省が村内の耕地の一角で、この地の重粘土水田の水質の浄化力を調査したばかりだ。村でも農業用水の水質保護を水田農業の永続のための必須条件と見て重視し、水質改善対策に力を入れている。少し遡って二〇〇一年には環境創造型農業宣言をした。そうした結果、いま農薬・化学肥料の使用量は全国最低レベルという域に達しており、いま一段の環境負荷の低減を目指すのだと言う。

また、二〇一五年度中に水鳥の生息地などとしての湿地帯保護のための国際条約「ラムサール条約」の指定申請を出し、日本で三八番目の指定を目指す方針だ。すでに二〇一一年には男鹿半島及び大潟村一帯がジオパーク（地球の成り立ちを学びその自然を楽しむ〝大地の公園〟）として認定されていて、ジオパークとラムサール条約によって自然をアピールする相乗効果を狙っている。

「村の広大な水田およびそれを取り巻く環境の保持は、人工の村だけに、手を尽くしてやり遂げなければならない村の使命だと思っています。環境保護、水田地帯における生態系の保護は、村の生命線です」。髙橋村長が決意を語る。

これと並行するもう一つの問題は、村内の道路や用水路などのインフラが、特に幹線排水路の鉄板が腐食するなど劣化し始めていることだ。村では「土地改良区」と共にその補修を検討していて、国営事業として水質浄化機能を取り入れた改修を目指している。

一方、住民の高齢化も全国の例に漏れず進んでいる。

「村として、リタイヤした農家の高齢者たちが生き甲斐ある後半生を過ごせるような環境整備をどう進めていくか、また、その高齢者を中心に住民がどう協力し合い、どう成熟した地域作り・農村作りを進めて行くようにするか。新しい挑戦です。人を大事にする、そんな村にしたいですね」。目を輝かせて髙橋村長が言う。

「耕心会」という年金受給者の会があって、メンバーは様々なボランティア活動などを積極的にやっているそうだ。さすがは新しい村で国家的目標に向かって苦労を共にし、一定の成功を収めてきた同志たちである。

「みなさんのその体験を活かし、高齢者が活き活きと暮らす豊かな農村を創出する原動力になって欲しいんです」。髙橋村長がそう期待する。

大潟村一〇〇周年への未来像を描くときがきた

目の前の問題に、TPP問題がある。コメなど農産物五品目（コメ、麦、砂糖、牛肉・豚肉、乳製品）の関税交渉がどうなるかが日本中の、また大潟村中の関心事だ。

また、その行方を別にして、コメの値段が食管法撤廃後ずっと下降線をたどっていて、安倍内閣が発表した二〇一八年での減反打ち切り方針により、現状、コメ一俵一万五千円前後の出荷価格が一万円ぐらいまで低下するのでは、否、もっと下がるかも、という心配が蔓延している。誰もが不安いっぱい、危機感いっぱいなのだ。

農業の後継者問題が全国的には深刻だが、大潟村では入植第一世代の高齢化はあっても、幸いほとんどの農家に後継者がいて、その点の心配はない。これまで五八九人中一割強が離農したものの、周りの農家の多くが耕地拡大を望んでいるので、離農地は売買されて誰かに引き継がれ、耕作放棄地は発生していない。

一五haの持分からスタートし、いまは一戸平均一七ha、最大で三〇haの人もいる。大潟村外に目をやれば、中小規模の農家が不採算とか高齢化のために廃業するケースが出ていて、その農地を大潟村の農家が買うなどして規模拡大している例もあるという。

こうした経営構造の変化も視野に入れつつ、髙橋村長は村の将来計画を策定したり、いろいろとアイデアを練っている。

その計画とは、「大潟村総合村づくり計画」に基づいて二〇一一（平成二十三）年四月に策定した「大潟村農業チャレンジプラン」である。プランは二〇一一年度から二〇一七年度まで七年間のものと規定している。

小冊子にまとめられたその計画は、「多様な農業生産の展開による農家所得の向上」を主眼にし、「たくましい大潟村農業の創出」を最終目標に掲げている。最終目標へ向けて立案する農業振興策を「立案・実施・検証」するとし、行政のスタンスを明確にしている。

そのプランは計画書中に図表で示されている。それを図表8―1で見ていただきたい。

村長の生の声で、そのいくつかについてコメントしてもらおう。

「コメの生産費が高止まりしているので、生産コストを削減しながら所得向上を目指す必要があります。それを基本におき、さらに〝コメ＋α〟の多様な農業を展開すること、農業の六次産業化をより強力に推進すること、すでに有名産品となっているメロンやカボチャなどの農産物のいっそうのブランド化を図ること、そのほかに様々な農産物が生産販売される魅力ある多彩な産地作りをすること……それらを柱にしたいと考えています。

中でも多様な農業の展開は重要です。主食米のあきたこまちの生産を軸にして、どう多様化を図るか。いま目標にしているのは、新しい品目も含めた園芸野菜の生産に注力すること、そして米粉用のコメを県の品種改良を睨みつつ増産することです。米粉用コメ、つまり加工米の作付けには補助金も出るので、追い風になります。米粉はすでにラーメンとして県内のラーメン屋などで好評ですし、村内に誘致したギョウザ工場でギョウザの皮にもなり、そして最終商品のギョウザが作られ出荷されています。これからもいろんな食品加工場が出来るでしょう。そう、農業の六次産業化です。多方面で実需を掘り起こしながら、専用米の増産へ結び付けていきます」

七年間かけて堅実に前進するのだという意志を込めて、村長がプランをそう説明した。

少しトーンを変えて村長が話を続けた。将来の構想や夢についてである。

「これまで減反で農政が揺れ動きましたから、われわれに課されたモデルの構築はできませんで

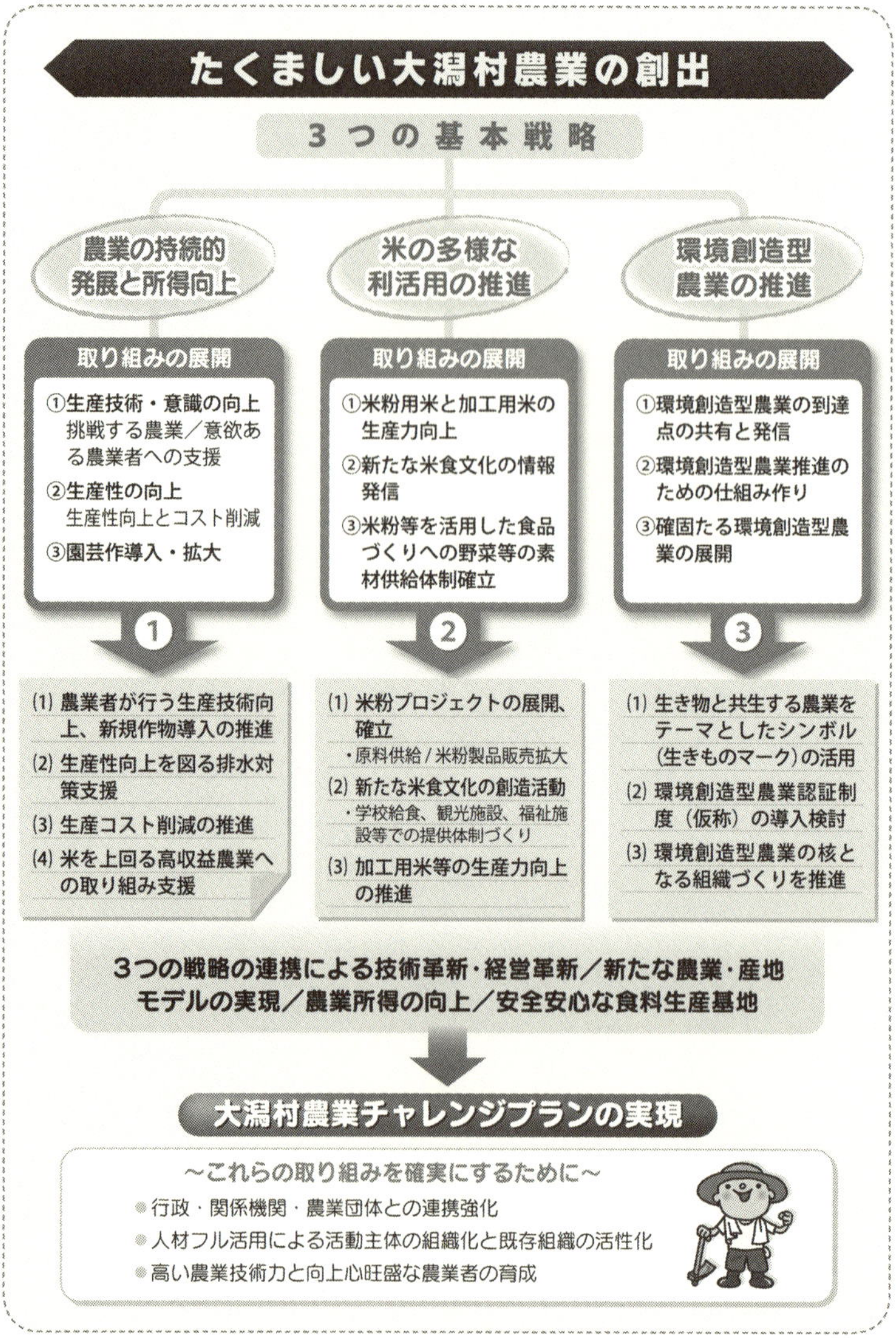
たくましい大潟村農業の創出
3つの基本戦略
農業の持続的発展と所得向上
米の多様な利活用の推進
環境創造型農業の推進
取り組みの展開
①生産技術・意識の向上
挑戦する農業／意欲ある農業者への支援
②生産性の向上
生産性向上とコスト削減
③園芸作導入・拡大
取り組みの展開
①米粉用米と加工用米の生産力向上
②新たな米食文化の情報発信
③米粉等を活用した食品づくりへの野菜等の素材供給体制確立
取り組みの展開
①環境創造型農業の到達点の共有と発信
②環境創造型農業推進のための仕組み作り
③確固たる環境創造型農業の展開
1
2
3
(1) 農業者が行う生産技術向上、新規作物導入の推進
(2) 生産性向上を図る排水対策支援
(3) 生産コスト削減の推進
(4) 米を上回る高収益農業への取り組み支援
(1) 米粉プロジェクトの展開、確立
・原料供給 / 米粉製品販売拡大
(2) 新たな米食文化の創造活動
・学校給食、観光施設、福祉施設等での提供体制づくり
(3) 加工用米等の生産力向上の推進
(1) 生き物と共生する農業をテーマとしたシンボル（生きものマーク）の活用
(2) 環境創造型農業認証制度（仮称）の導入検討
(3) 環境創造型農業の核となる組織づくりを推進
3つの戦略の連携による技術革新・経営革新／新たな農業・産地モデルの実現／農業所得の向上／安全安心な食料生産基地
大潟村農業チャレンジプランの実現
～これらの取り組みを確実にするために～
行政・関係機関・農業団体との連携強化
人材フル活用による活動主体の組織化と既存組織の活性化
高い農業技術力と向上心旺盛な農業者の育成

図表 8–1 「たくましい大潟村農業の創出」

した。しかし、減反廃止が決まったので、これから次代を引っ張る農業モデルをどんどん構築し発信して行きます。自在に農業が展開できる環境下で、われわれの七年プランを実行し、若者が希望をもてる農業経営のモデルを作り上げます。期待していて下さい。プランで指摘した、多様な複合農業の展開、農産物のブランド化、農業の六次産業化、環境創造型農業の深化などがキーワードになるでしょう。

一言付け加えれば、私の家も農家で、有機米の栽培をしていますが、われわれの環境創造型農業は全国トップクラスです。大水田およびその水域の生態系は、その規模と豊かさの両面で日本有数です。厳冬期の雪原には、北帰行途中の雁が二〇万羽以上も稲粒を求めて降りて来て、探鳥ツアーの人たち大勢を楽しませています。こうした自然を求めて訪れる観光客や、農業の視察にくる人たちが年間一〇〇万人もいます。コメ作り・野菜作り・畜産・花卉（かき）と多彩な農業が展開されていますから、それらを見学し農業体験もしたいと、今年五月には、修学旅行で東京の女子中学生二〇〇人ばかりがやってきました。修学旅行はヒントになりました。これから大いに誘致しようと思っています。

八郎潟干拓によって、すべて人工的に造られた大潟村には、農業の発展に合わせて豊かな自然が育まれてきました。そしていま、人間と自然の共生が見事に実現されています。それを国民に享受してもらう視点を大事にしようと思っています。それが村を活かす道です。大潟村一〇〇周年へ向け、夢のあるグランド・デザインを描きたいですね」

2　一刻者の夢——百姓・井手教義が世界に叫ぶ

地の利を活かす〈村ごと自然研究場〉に研究者や自然好きに来てもらう

井手は、第二の故郷・大潟村で九十歳まで現役で働きたいと願っている。それまでに実現したい夢が二つある。

村を自然環境豊かな水田農業地帯として発展させることが条件で、夢の一つは、大潟村を〈村ごと自然研究場〉にすること。併せて、そこに各分野の自然科学者が常駐し、芸術家も小説家も、そしていろんな目的をもった一般の市民が訪れる場にすることだ。

井手が、ここで思い浮かべるのが次の二つのモデルだ。

一つは、北海道鶴居村の「日本野鳥の会」の「鶴居伊藤タンチョウサンクチュアリ」。ここはシベリアから越冬のためタンチョウヅルが渡ってくる〝聖域〟（サンクチュアリ）で、タンチョウヅルを観察する絶好の探鳥ポイントである。十月〜三月には探鳥指導員が常駐し、探鳥の指導やタンチョウヅルについての解説などをしている。

二つ目は、大阪府高槻市の「JT生命誌研究館」。生物のDNAやゲノム、進化の歴史までを研究し、啓発するための展示をする施設で、学芸員に加え大阪大学大学院の院生も常駐している。館長の生命科学者・中村桂子さんにも惹かれて、全国から沢山の見学者が訪れているそうだ。〝生命の遊びの場〟とでも言えるような楽しい展示がされているのだ。

井手のアイデアの〈村ごと自然研究場〉は、大潟村の田んぼ、用水路、畦、草むら、残存湖など村の全部をそのままフィールドワークの研究場に、というもの。植物学者、昆虫学者、鳥類学者、魚類学者、動物学者、農学者、土壌学者、環境学者、医学者、生命科学者などなどの専門家、そして、そうした分野に興味をもつ人々、さらに自然が大好きという一般の人々がターゲットだ。できれば専門家が常駐し、一般の人々も長逗留し、またはたびたび訪れるようになってくれたら、というのが井手の願いだ。

低料金の宿泊施設や合同研究棟、探鳥者のための野鳥観察舎なども必要に応じて建設・整備される必要があるだろう。

各研究者のための研究素材は、大水田・大灌漑水域のそこかしこに全国有数の規模と豊富さで溢れている。態勢を整えPRしていけば、多くの専門家のお眼鏡に適うはず、と井手は見ている。〝村ごと〟〝そのまま〟がいいと。

大潟への来訪者が増えるとどうなるか、井手が連想する。

研究者や自然好きが大潟に来る。自然の中に寝泊りする。研究者は自分のテーマの研究をする。誰でもが、好きに田園を散策する。生き物に触り、生き物と会話する。自由に探鳥を楽しむ。大型の鳥が小鳥を捕る自然の厳しさを見る。小川に入って水遊びをする。魚を捕まえ、魚を釣る。田んぼでカエルやバッタを捕まえる。土を掘ってみる。ミミズやダンゴムシを見る。土壌世界を体感する。夕日を拝む。夜空を観察する。観察小屋で夜徘徊する獣たちを観る。結果、人々が心の洗濯をしたり、感性を磨くメッカとなる。訪問者みんなが自然愛好家となる。大潟村ファンとなる。大潟村ファンと大潟の住民との交流が生まれる。出会いは双方にとってプラスとなる。ソーラーカー・レースが有名になる。さらにこの輪が世界へ広がる。世界田園サミットが開かれる……北緯四〇度・東経一四〇度の交点の村のストーリーが膨らむ。

強化ガラス製の〈有機物発酵装置〉を造り子供たちの学びに提供する

二つ目の夢は、強化ガラス製の研究用〈有機物発酵場（装置）〉を造り、それを学生や子供や若者たちの学びの場・機会として提供すること。発酵場は現有の有機肥料製造場の一隅に増設してもいいだろう。そして自らが場長になり、秋田県立大学大潟キャンパスの生物資源科学部の学生に研究分室を作って常駐してもらい、いろいろな研究をしてもらう。併せて場長・学生が一緒になり、学びに訪れる子供や若者たちに有機物の発酵・分解の生の姿を観察させ、その原理を教えようというプランだ。

強化ガラス製だと、有機物の発酵の様子が装置の上からだけでなく装置の横からも、造り方によっては下からも観察できる。それが狙いである。

さらに、やはり強化ガラス製の持ち運び出来る小型の発酵装置を造り、それを引っさげ小中学校などへ出前授業をしようというのもプランの一つ。小型の発酵装置は、何でも屋の特技を発揮し直ぐにも造れるので、受け入れ先さえ出てくれれば、出前授業は直ぐにもやれると井手は前のめりだ。

井手独自の有機肥料の製造については、**第3章**（九二—九三頁）などに詳しく書いた。井手の有機肥料作りは、その元になる堆肥にハタハタなどの有機物を混ぜ、微生物（バクテリア）の力で有機物を分解させるのだが、ハタハタは発酵装置に投入すると一〇日もあれば原形が分からないまでに分解されてしまう。

堆肥一g中に五億も一〇億もいるという微生物は見えないが、有機物が発酵・分解する様子を子供たちはガラス越しに観察し、生命体が土に還る実態をリアルに理解できるのだ。子供たち自身で実験も出来るし、装置の効果は想像以上に大きいだろう。

この体験をきっかけに、子供たちが微生物世界への関心を深め、研究者や農業者になってくれたら、「もう言うことなし」と井手は相好を崩す。

井手の情報のポケットには、福島県喜多方市の事例が入っている。

同市の「喜多方市小学校農業科」は、初め国の構造改革特区によって二〇〇七（昭和十九）年からスタートしたユニークな教育として話題になった。その後曲折があり、調べると、二〇〇九（平成二十一）年から「総合学習の時間」として市内の小学校全十七校（三年生〜六年生）で年間三五時間実施されているそうだ。当初、教科としてスタートしたときの意義を引き続き尊重したいとの意向から、いまも「喜多方市小学校農業科」の名称を継続使用しているという。

〝小学校農業科〟という名称は素晴らしい。全国の小中学校にこうした農業科が設けられることを井手はずっと願ってきた。喜多方市を見習い、どんな形でもよい、広く公教育で農業科目が実現されるよう国にも地元の教育委員会にも声を大にして訴えていくつもりだ。

「有機物発酵」の出前授業をその突破口にしようというのが井手の願望でもあり、大潟村教育長にはすでにその意向を伝えた。

井手が言う。

「国や周りのすべてに恩返しをすることが、ボクの後半生の目標。有機物発酵装置による出前授業はボクがやれる一番のプランなので、なんとしても大潟村からスタートさせたい。そして順に外へ広げて行く。子供たちだけでなく大人へ、日本中へ広げて行きたい。そうやって大潟村の存在感を少しずつ高めていく。そして、日本国大潟村が世界へはばたいて行く、というのがボクの夢！」

おわりに

井手教義さんとは、二〇年以上のお付き合いになる。

井手さんは、秋田の名産魚ハタハタなどを、市販の「モグラ堆肥」と混ぜて独自の有機肥料を作っている。その市販の堆肥は、故小林達治・京都大学助教授の指導によって完成した、悪臭シャットアウト技術の詰まった一級品である。そのことは本文中に書いた。

そのモグラ堆肥を使用する大潟村の有機米生産グループのリーダーが井手さんであり、有機農業に取り組み始めたリーダー井手さんのことを、全国の〝モグラ堆肥仲間〟七〇〇人（当時）の動向と抱き合わせで、私は自著『甘夏に恋して』（コープ出版、一九九二年刊）の中で小さく書いた。

それ以来のお付き合いが熟し今般、井手さんの丸ごと一本の半生記を書かせていただいた。物書き冥利であることはその通りだが、私は人の不思議な縁や巡り合わせを感じる。

私ごとだが、わが故郷・熊本市で中学校長を務めていた亡き父から、少年時に怠けていると、「人並みなら人並みぞ、人並み外れにゃ外れんぞ」という言葉で背中を叩かれた。その父は中学校の朝礼で同じ言葉を何回も使っていたと、高校で一緒になったその中学校卒業の同級生から聞かされた。実はその言葉の主こそ、本文に登場する井手さんの農業の師・松田喜一さんである。

取材で松田さんのことを不意打ちを食らうように聞かされ、私は特別な縁に驚きながら、取材を重ねるほどに「ああ、この人は間違いなく外れてる」という思いを強くした。

故郷と言えば、童謡『故郷』（高野辰之作詞・岡野貞一作曲）が誕生してから今年でちょうど一〇〇年になる。たまたま私は、「湘南童謡楽会」という童謡や愛唱歌を大勢で歌う会の代表を務めているが、月例会のオープニング曲として『故郷』を二年間ほど会員と一緒に歌い、多くの会員が『故郷』を歌って涙する光景を見てきた。

ところが、半年ばかり前、『故郷』はとても歌えないので定番曲にしないで、という要望が一人の会員から寄せられ、私はハッとさせられた。故郷が辛い、悲しいという人がいる。その理由や状況を語りたくもない人がいる――改めてそう思わされ、直ぐに他の曲に差し替えた。

大潟村は人工の村である。今年がちょうど開村五〇年になるが、若い村の「故郷性」を思う。村は入植者が経済的基礎を固め、行政の目鼻をつけようという創成期に、不運にも「減反政策」という大事件に巻き込まれた。

嵐は長く続き、嵐をやり過ごしたいま村民と村は、「減反政策」廃止も決まって、開村当初の目標であるニューモデル農業・農村建設へ向け、仕切り直しの気分でいるのではないだろうか。村が清々しく見える。

しかしこの間、入植者五八九人のうち約一割の人が様々な理由で村を去った。亡くなった人も離農した人もいる。その理由は言いたくない、という人だっているだろう。夢破れた人たちのことを思わずにはいられない。

大潟村では、童謡『故郷』に歌う「山はあおき故郷　水は清き故郷」（三番）はもうすっかり根付いている。でも、「いかにいます父母　恙（つつが）なしや友がき」（二番）とたがいを思い懐かしむような、人々の心に根付く故郷性はこれから醸成されていくのだと思う。これからもあるであろう様々な事件を乗り越え、大潟村にも「心の故郷」が少しずつ定着して行くだろう。

政府は農政改革に躍起である。減反を止め、農協を改革し、農地法を見直し、農地の大規模化を図るという筋書きが示されている。海外との競争力アップを視野に入れ、農業の岩盤のような規制を取り除き、硬直した農業組織を改革し、大規模化によって農業の効率化を図ろうというものだ。

大規模化は平地が前提の話であって、国土の七割以上を占める中山間地帯や山間地の農業をどう強化するのか、それらの地域（農村）をどう振興するのか、全体総合的プランはまだ示されていない。わずかに国家戦略特区に中山間地の兵庫県養父市が農業関連では唯一指定され（二〇一四年春）、競争不利地域の農業や社会作りの先兵としての期待がかかる。単発に終わらせてはならず、やはりグランド・デザインへの展開がなければならない。

グランド・デザインの根底には、農業の振興は農村の振興と一体であるべき、という当たり前の思想がなければならない。仮に、平地に続く中山間地などで農地の大規模化を強力に、あるいは強引に推し進めたらどうなるか？　農業収益は上がったが、コミュニティが消滅したとでもなれば、本末転倒である。山奥の山間地に関してはなおさら難しい。限界集落も出現し始めていて、グランド・デザイン作成の作業は複雑になろう。「故郷」をどうするかという根源的な問題だからである。心してかからなければならない。

農政改革が熱く語られるいま、大切なのは、改革案が農業の経済的側面からだけでなく、「国の中に農業・農村をどう位置づけるか」という国造りの観点から大局的に検討されることだ。そして農業・農村振興のグランド・デザインが国家一〇〇年の大計として打ち立てられなければならない。もっと広範な国民的議論が複眼的に展開されたらと願う。

その中にあって、大潟村が開村五〇年を機にアイデンティティをどう確立していくか、国民の新たな注目が注がれている。

難局をタフに乗り越えてきた三二〇〇人の村民に、私は日本どころか世界の食を担うモデル農業・モデル農村作りを期待したいと思う。けだし村には「世界一（オンリーワン）農業」の井手さんがいる。


取材では、「株式会社農林中金総研」の平澤明彦さんに大変お世話になった。欧米の農政に精通しておられ、変転極まりない農政の細部までをレクチャーしていただいた。筆者には『環太平洋コメ戦争』（集英社、一九九三年刊）という著書があり、アメリカのローンレートやCCCについては、ウルグアイ・ラウンド決着前のタイミングでその仕組みを現地取材で押えていたのだが、その後のフォローが不完全であったところを平澤さんに最新の情報で補っていただいた。お蔭で欧米の農政につき、芯の通った分かりやすい解説を書くことが出来たと思う。

他に井手さんとの対談にご登場いただいた野﨑洋光さん、涌井徹さん、「株式会社大潟村カントリーエレベーター公社」の社長・藤田勉さん、そして大潟村村長の髙橋浩人さん、さらに「特定非営利活動法人日本有機農業生産団体中央会」の事務局長・加藤和男さんなど沢山の方々にお世話になった。貴重なご意見やご示唆をいただき、この本が上梓できた。皆様に心より感謝申し上げたい。

また藤原書店の刈屋琢さんにもひと方ならぬお世話になった。写真や図表をふんだんに入れ本に温かい血を通わせ、画竜点睛の編集をしていただいた。記して深くお礼申し上げたい。

平成二十六年九月

宮﨑隆典

井手教義という人——

昭和12年、福岡県八女市に生まれる。太平洋戦争で父を亡くし幼少時より苦労する。子供6人を育てる母を思い、中学校卒業後すぐに実家の農業を継ぎ、定時制高校に通った。学びつつ生きる志を内に秘め強い独立心を培って行った。

昭和49年、一大決心をし、国家的事業の八郎潟干拓で誕生した大水田の農村・大潟村へ、選抜試験をパスし37歳で入植、ニューモデルの米作りに挑んだ。村の創生期の自治組織「大潟村新村協議会」の幹事を務めるなどして40年経ち、さまざまな苦労を乗り越え、19haの水田でアイガモ農法による有機無農薬米作りを自家薬籠中のものとした。

古代ギリシャの医聖ヒポクラテスの言葉「汝の食物を医薬とせよ」が座右の銘。「医食同源」の教えだ。これこそ有機無農薬農業を目指す生産者としての至高の目標であり、物を食う1人の人間としての「食の鉄則」である。だからジャンクフードを嘆き、「40兆円を超える国民医療費の増大は、ヒポクラテスの思想で食い止めるしかない。その思想を徹底させれば医療費を削減できる」と訴える。

大潟村に入植したとき大潟に骨を埋める決意をした。しかし、根はいまでも福岡郷党である。生まれ落ちた“古里”への思いは弱まることはなく、古里の友人をしばしば訪ね、旧交を温め合いエネルギーにしている。

人好きで、一本気である。しかし、曲がったこと、筋の通らないことには一切妥協しない。そこが他人に好かれるのだろう、入植したときの小畑勇二郎・秋田県知事（故人）とは公式の宴席で何回か杯を交わし、「おっとりした秋田の地に熱い九州の血を入れて欲しい」と言われたことが忘れられない。6期も知事を務めた政治家・小畑勇二郎がいまも好きである。

しかし、権力や権威におもねることはない。行政、企業、いろんな団体の誰とであれ、淡々として会い、率直に意見や考えを言う。そうした人同士の関係が世の中を動かすと信じている。頑固だが、人としての柔軟さや寛容さを併せ持つ、というのが周りの評だ。

現在、有機農業の認定をする国認証の登録認定機関である「特定非営利活動法人日本有機農業生産団体中央会」の副理事長を務め、有機農業の普及に変わらぬ情熱を燃やしている。

著者紹介

宮﨑隆典（みやざき・たかのり）

昭和18（1943）年、熊本市生まれ。県立熊本高校卒、早稲田大学第一政治経済学部卒。

読売新聞記者（婦人部など20年）のあとフリージャーナリスト。農業と食を主たるテーマに、海外取材もしつつ取材・執筆活動をする。鎌倉市教育委員、同教育委員長、東京都消費生活審議会委員などを歴任。現在、「NPO食と農と健康」理事長。「一般財団法人日本消費者協会」評議員。

同上NPOの“筑波農場”（茨城県石岡市）のリーダーとして野菜作りをしつつ体験農業を受け入れている。「湘南童謡楽会」代表。趣味はクラシック音楽鑑賞、オペラ観劇など。

著書に『甘夏に恋して』（コープ出版）、『環太平洋コメ戦争』（集英社）、『ステビアパワー革命』（ダイヤモンド社）、『食育の急所』（日本消費者協会）など。鎌倉市在住。

汝の食物を医薬とせよ
“世紀の干拓”大潟村で実現した理想のコメ作り

2014年9月30日　初版第1刷発行©

著　者　宮　﨑　隆　典
発行者　藤　原　良　雄
発行所　株式会社　藤　原　書　店

〒162-0041　東京都新宿区早稲田鶴巻町523
電　話　03（5272）0301
ＦＡＸ　03（5272）0450
振　替　00160‐4‐17013
info@fujiwara-shoten.co.jp

印刷・製本　中央精版印刷

Printed in Japan
ISBN978-4-89434-990-2

日本人の食生活崩壊の原点

「アメリカ小麦戦略」と日本人の食生活

鈴木猛夫

なぜ日本人は小麦を輸入してパンを食べるのか。戦後日本の劇的な洋食化の原点にあるタブー"アメリカ小麦戦略"の真相に迫り、本来の日本の気候風土にあった食生活の見直しを訴える問題作。　【推薦】幕内秀夫

四六並製　二六四頁　二二〇〇円
(二〇〇三年二月刊)
◇978-4-89434-323-8

東アジアの農業に未来はあるか

グローバリゼーション下の東アジアの農業と農村

（日・中・韓・台の比較）

原剛・早稲田大学台湾研究所編

西川潤／黒川宣之／任燿廷／洪振義／金鍾杰／朴珍道／章政／佐方靖浩／向虎／劉鶴烈

WTO、FTAなど国際的市場原理によって危機にさらされる東アジアの農業と農村。日・中・韓・台の農業問題の第一人者が一堂に会し、徹底討議した共同研究の最新成果！

四六上製　三七六頁　三三〇〇円
(二〇〇八年三月刊)
◇978-4-89434-617-8

「農」からの地域自治

叢書〈文化としての「環境日本学」〉

高畠学

早稲田環境塾（代表・原　剛）編

「無農薬有機農法」実践のキーパーソン、星寛治を中心として、四半世紀にわたって、既成の農業観を根本的に問い直し、真に共生を実現する農のかたちを創造してきた山形県高畠町。現地の当事者と、そこを訪れた「早稲田環境塾」塾生のレポートから、その実践の根底にある「思想」、その「現場」、そしてその「可能性」を描く。

カラー口絵八頁

A5並製　二八八頁　二五〇〇円
(二〇一一年五月刊)
◇978-4-89434-802-8

京都に根差す宗教界の最高権威が語る

叢書〈文化としての「環境日本学」〉

京都環境学

（宗教性とエコロジー）

早稲田環境塾（代表・原　剛）編

東日本大震災以後の現代文明への不信・不安に対して、求められている思想とは何か。伝統の地・京都から、大上段の「環境倫理」ではなく、「自然の中の人間」の存在を平明に語りかけると共に、産業社会の極限的な矛盾を経験した「水俣」の人々が到達した「祈り」のことばが現代における宗教性のリアルなありようにかたちを与える。

A5並製　一九二頁　二〇〇〇円
(二〇一三年三月刊)
◇978-4-89434-908-7